课本中的

中学卷

美丽世界

《亲历者》编辑部 编著

中国铁道出版社
CHINA RAILWAY PUBLISHING HOUSE

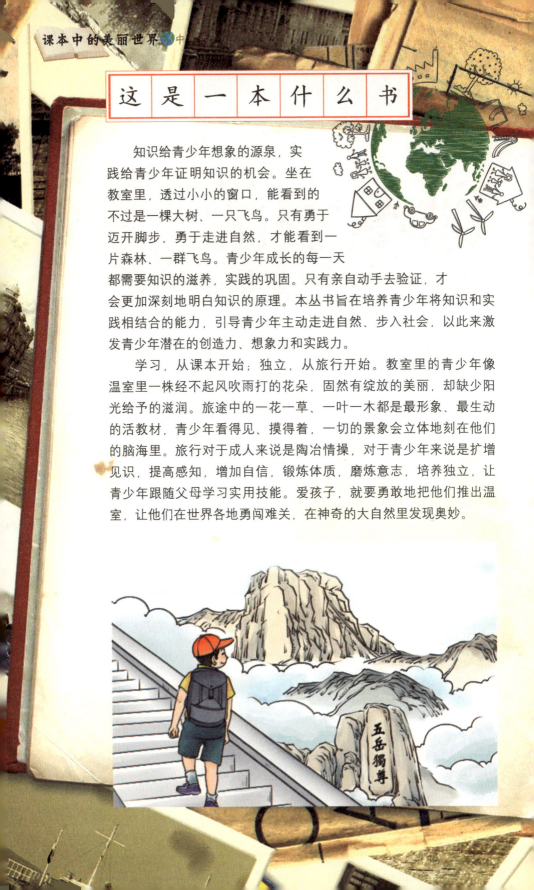

这 是 一 本 什 么 书

知识给青少年想象的源泉，实践给青少年证明知识的机会。坐在教室里，透过小小的窗口，能看到的不过是一棵大树、一只飞鸟。只有勇于迈开脚步，勇于走进自然，才能看到一片森林、一群飞鸟。青少年成长的每一天都需要知识的滋养，实践的巩固。只有亲自动手去验证，才会更加深刻地明白知识的原理。本丛书旨在培养青少年将知识和实践相结合的能力，引导青少年主动走进自然、步入社会，以此来激发青少年潜在的创造力、想象力和实践力。

学习，从课本开始；独立，从旅行开始。教室里的青少年像温室里一株经不起风吹雨打的花朵，固然有绽放的美丽，却缺少阳光给予的滋润。旅途中的一花一草、一叶一木都是最形象、最生动的活教材，青少年看得见、摸得着，一切的景象会立体地刻在他们的脑海里。旅行对于成人来说是陶冶情操，对于青少年来说是扩增见识，提高感知，增加自信，锻炼体质，磨炼意志，培养独立，让青少年跟随父母学习实用技能。爱孩子，就要勇敢地把他们推出温室，让他们在世界各地勇闯难关，在神奇的大自然里发现奥妙。

五岳独尊

一本亲子旅行书

　　繁忙的工作，忙碌的生活，占据了父母陪伴孩子的时间，让父母错过许多亲子时光。然而旅行，恰恰可以弥补这缺失的幸福。陪着孩子一起走进自然，走进各国，走进孩子的成长世界吧。

一本写作素材书

　　《课本中的美丽世界》不仅是一本亲子旅行书，更是一本可以品读、增长见识、发散思维的写作素材。精美的手绘插图能给予孩子最直观的视觉感受，《中学卷》更有自然、人文方面的趣味知识可作为青少年写作时的素材库。

一本课本复习书

　　本丛书本着游教合一的宗旨，将青少年在课本中学习的知识与世界各地的旅游景点相结合，让青少年在旅行的过程中加深对课本知识的印象，起到玩中有学、学中有玩的复习效果。

一本世界教育书

　　古人有云："读万卷书，行万里路。"坐在教室里，青少年只能通过课本了解世界各地的自然地理、人文历史等情况，无法真正目睹大自然的神奇壮美和世界文化的丰富灿烂。只有走出教室，才能用自己的脚步丈量每一寸土地。

目录

都
市
篇

自然篇

地球，是宇宙的奇迹，生命的摇篮，人类共同的家园。地球孕育的自然万物，复苏肆长，源源不息，它们千奇百怪，绚丽多彩。无论时间流逝，沧海桑田，自然风光带给人的惊喜和震撼永恒不变。

死海 The Dead Sea

悬浮之海

所谓的死海，位于巴勒斯坦和约旦之间的约旦谷地，其实并不是海，而是一个内陆盐湖。它是世界上海拔最低的湖泊，也是世界上最深和最咸的咸水湖。

死海的"死"是什么意思呢？原来，这里由于气温高、水分蒸发快、湖水含盐度高（达25%—30%），除了个别的微生物可以存活以外，所有在别的河流或湖泊里能生存的水生植物和鱼类等生物在这里都不能存活，因此，被称为"死海"。有时候，当洪流到来时，约旦河及其他溪流中的鱼虾会被冲入死海，高盐度和水中严重缺氧让它们难逃死亡的命运。

由于这里盐度高，使得水的比重超过了人体的比重，因此，即使人躺在水面上，也不会沉下去。死海的这一特点受到了游客们的青睐，特别是不会游泳的人，他们能悠闲地仰卧在海面上，随意漂浮。

课 文 链 接

　　死海本身蕴藏着许多神奇的秘密，鲁教版七年级上册课文《死海不死》中，主要介绍了死海的成因以及死海为什么淹不死人的奥秘。关于为什么死海有如此大的浮力，课文里这样写道：

　　因为海水的咸度很高。据统计，死海水里含有多种矿物质：135.46亿吨氯化钠（食盐），63.7亿吨氯化钙，20亿吨氯化钾，另外还有溴、锶等。把各种盐类加在一起，占死海全部海水的25%—30%。这样，就使海水的密度大于人体的密度，怪不得人一到海里就自然漂起来，沉不下去。

游学拾贝

①更深一步地理解死海的成因。

　　探究为什么死海中的浮力那么大以至于淹不死人的原因，以及死海是如何形成的，揭开大自然中神秘现象的真实面纱，从而更加热爱科学。

②体验死海带给自己的乐趣。

　　死海上空艳阳高照，海面空气清新，含氧量高，海水治病的功能不逊于温泉，即使不会游泳的人也可以漂浮在海上玩耍，别有一番情趣。

③增强环境保护的意识。

　　由于死海的蒸发量大于约旦河输入的水量，造成水面日趋下降。据专家统计，最近十年来，死海水面每年下降40到50厘米。长此下去，死海难逃干涸的命运。同时，死海缓慢"死亡"的原因还与沿岸国对死海东西岸诸如钾、锰、氯化钠等自然资源的过量开采有关。据了解，以色列食盐的开采量比约旦多4倍。因此，我们现在对身边的自然环境就应该树立保护意识，只有细心保护环境，才能让世界上的神奇景观保存得更长久，给我们的生活增添无穷乐趣。

课文中讲到：死海不死。这让我们不禁思考，死海中真的没有任何生物吗？近年来，美国和以色列的科学家经过研究发现，这种说法并不是绝对的。在这种最咸的海水中，仍有几种生物生存在里面。

死海中有一种叫做"盒状嗜盐细菌"的微生物，它具备防止盐侵害的独特蛋白质。高浓度的盐分本来可以对很多蛋白质产生脱水效应，而"盒状嗜盐细菌"具有的这种蛋白质，在高浓度盐分的情况下不会脱水，能够继续生存。

在20世纪80年代初，人们又发现死海渐渐地变红了，原来，死海中还有一种红色的"盐菌"正迅速繁衍着，而且数量也相当庞大，大约每立方厘米海水中含有2000亿个。

除此之外，科学家们发现死海中还有一种单细胞藻类植物。看来死海也不是所有生物的生存"地狱"。

死海除了自身的奇特之处外，风景亦是独好。它同附近约旦土地上的山谷和建筑一起，构成了一幅别具风格的中东画卷。

玩转死海

死海的水面呈蓝色，看起来非常平静。去死海游泳完全不必担心会掉下去，就是不会游泳的人，下水也会游刃有余：只要将一只手臂放入水中，另一只手臂或腿就会浮起来。如果想要躺在水里，应该将背逐渐倾斜，直到自己处于平躺状态。躺在死海里，甚至可以一只手拿着遮阳的彩色伞，另一只手拿着画报阅读，感觉特别美妙。

这里也是日光浴的绝佳场所。因为这里基本上每天都能接收大部分阳光，再加上这里处于海平面以下，阳光被特别的大气层阻挡了部分紫外线，因此人们在这里长晒也不至于马上变黑。

死海还是地球上气压最高的地方。空气中含有大量的氧，让人感到呼吸自在，这也是它成为理想度假场所的原因。死海边有很多浴场，比较著名的是"安曼沙滩"，同学们还可以在湖边找到人比较少的沙滩，玩起来会更加自在。此外，由于死海海水的高盐度，让这里成为巨大的盐储藏地。有兴趣的同学还可以参观盐场，直观地了解海盐是怎样制取的，积累一些有关盐的知识。

死海不仅是人们的游乐场，也是理想的理疗场。由于死海海底的黑泥含有丰富的矿物质，具有保护皮肤和促进身体健康的作用，因此，很多商家在附近建立了一些疗养地。人们在"理疗"时，会将自己浑身上下涂满黑泥，

只露出两只眼睛和嘴唇。由死海泥制成的护肤品也因此成为市场上抢手的护肤美容佳品，在死海的水疗酒店或安曼的药店中就能买到称心如意的由死海泥制成的天然美容和洗浴用品。

马代巴

　　在死海东侧的约旦土地上有一座无比壮丽的城市——马代巴，它有着丰富的历史遗迹。在古代，曾先后被罗马帝国、拜占庭帝国和阿拉伯帝国统治，是无数个王朝兴替的见证。

　　马代巴最有看点的景观要数圣乔治教堂。圣乔治教堂是一座希腊东正教教堂，始建于公元5世纪，于1896年重建。教堂最大的特色是存有一个古老的马赛克地图，据说是人们当年在整修教堂地面时无意间发现的，是现今世上最古老的中东地图。

　　这块在公元6世纪《圣经》中描述的世界地图由200万块彩石拼成，因为以耶路撒冷为中心，所以也叫作巴勒斯坦地图。这块地图大约完成于公元560年，地图覆盖了从埃及到黎巴嫩的广大地区，标出了公元6世纪耶路撒冷和亚历山大等古巴勒斯坦和埃及的城市、河流和海洋的位置与地形特征。最初的马赛克镶嵌长地图15.6米，宽6米，面积94平方米，如今大约只有四分

之一被保存下来了。到了教堂，仔细地观察里面的古地图，对于了解中东过去的历史和地理情况有很大帮助。

尼泊山

　　距离死海不远的尼泊山是约旦最让人敬畏的圣地之一，据说这里是犹太教的创始人摩西的升天之地。它位于自马代巴市向北约10千米一个叫"索雅豁"的地方。

　　尼泊山海拔817米，站在山顶上，不仅能将死海、约旦河谷一览无余，还能看到位于约旦河西岸的圣城耶路撒冷教堂的尖顶和历史名城伯利恒。根据《圣经》第34节记载，摩西在这里度过了生前的最后时光，并在此升天。摩西在基督教中是仅次于上帝和耶稣的重要人物，是犹太教的创始人，同时也是伊斯兰教的六大使者之一。这也是该地每年都吸引大批宗教信徒和西方游客前来观光的重要原因。登上这座山，可以进一步了解摩西这个人物，也能对西方的圣经故事有一些感性认识。

　　在尼泊山的山头上还建有一些教堂，主要是在公元4世纪初期建造的，主教堂旁边还有几个建于公元531年有马赛克镶嵌画的墓穴。此外，尼泊山上还有一架巨大的象征摩西神杖的钢制盘蛇十字架，是1984年意大利佛罗伦萨人吉安尼·凡陶尼竖立的。

蝴蝶谷

从死海附近1600多米的山上滑下来，在空中就能看到美丽的蝴蝶谷。蝴蝶谷距离死海不远，从死海坐船半小时左右就能到达。这里的水如同蓝宝石一般，水面平静且清澈见底。

蝴蝶谷是独特的jersey tiger蝴蝶的原产地，从峡谷往上攀登一会儿，就会遇到一个60米高的瀑布，如果还想往上走，不仅要穿过瀑布，还必须拉着固定在陡峭悬崖上的绳索才能往上爬。此外，这里还有在阳光下沐浴非常舒服的海滩和沿途可见美丽自然风光的步道。无论选择哪种前进方式，都是亲近自然的好选择。

在蝴蝶谷宿营也是一件非常有情趣的事情。树林里有一些专为人们搭建的简易小木屋，平地上也可以支上帐篷。这里还有一两个小酒吧，人们可以在此购买饮料、水和简单的食物。宿营这项活动也有很多学问，可以在欣赏美景的过程之中多多留心学习，掌握在野外宿营的本领。

佩特拉古城

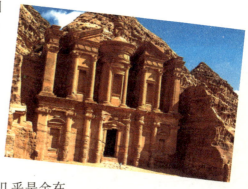

在死海和阿克巴湾（约旦国境内）之间的山峡中，有一座古城——佩特拉。它建立在阿拉伯沙漠的边缘，是纳巴泰王国亚里达王四世时期的首都，是约旦最负盛名的古迹区之一，有"世界新七大奇迹之一"的美誉。

佩特拉因其色彩而常常被称为"玫瑰红城市"。原来，它几乎是全在岩石上雕刻而成的，并以岩石的色彩而闻名。这里的岩石不只呈红色，还有淡蓝、橘红、黄色、紫色和绿色。

古城中有不少颇具特色的建筑。其核心是一座依山雕凿的殿堂——卡兹尼，意为"金库"。遗址山脚下有一座具有拜占庭风格的古庙建筑——本特宫，也称"女儿宫"。传说是因为当时国王为了叫人能引水入城而将公主许配而得名。现在峡谷进口处石壁左边的水槽，就是当年的引水处。

古城内部的剧场也是雕凿出来的，可容纳6000人。看台呈扇形，沿山而上排成阶梯。而剧场的中央有石柱支撑。在古城游览，不仅可以看到缤纷的色彩，更可以近距离地感受历史给古城带来的印记。

同类推荐

在中国，也有类似于死海的地下古盐湖，它位于四川省遂宁市大英县，形成于一亿五千万年前，其盐卤资源的储量十分丰富。因其极高的含盐量，人漂浮在其中同样不会下沉，因此有"中国死海"的美誉。

现如今，这里已经被辟为结合现代水上运动、休闲、度假、保健等要素的水文化旅游度假胜地。由于水中富含钠、钾、钙、溴、碘等40多种矿物质和微量元素，因此，这个盐湖对风湿关节炎、皮肤病、肥胖症、心脑血管疾病、呼吸道疾病等具有显著的理疗作用，是一个天然的理疗基地。

除此之外，山西的运城盐湖同样被誉为"中国死海"，人漂浮在上面也不会下沉。5000多年前，由于一次比较大的造山运动，这里形成了一个大面积的沉积洼地，大量含盐类的矿物质汇集在这里，经过常年沉淀，便形成了天然的盐湖。

来到运城盐湖，可以尽享"黑泥养生""死海漂浮""矿泉水疗"的盐湖三绝。不仅可以体验漂浮在水上的神秘，还能以其富含矿物质的湖水进行天然疗养。不过，人在漂浮过程中，身体中的水分会被交换掉，所以盐水漂浮时间不能太长，漂浮以后应注意及时补充水分。此外，运城盐湖中的黑泥中也如死海一样富含有益于人体的矿物质元素，将盐湖黑泥均匀地涂抹在身上及脸上，据说可以保养肌肤。

1　模拟"死海"实验，更深一步地理解死海能让人上浮的原因。另外，你知道液体达到多大的密度就可以使人漂浮起来吗？

（1）在玩具店里买一个塑料小娃娃，能沉入到水底就可。

（2）准备一个小塑料盆，里面盛满水。

（3）将小娃娃放在水里，会发现，小娃娃很快就沉在水底了。

（4）拿一袋食盐不断地倒在水里并不停地搅拌，等到食盐量放到一定程度时，小娃娃会慢慢地漂起来。

（5）这时候再继续放食盐会发现，小娃娃依然会漂在水面上。

从上面的实验中我们可以看到：

（1）当水中的盐分达到一定程度后，小娃娃就会漂在水面上。

（2）当水中的盐分超过让小娃娃漂起的浓度时，小娃娃依然上浮，不会沉到水底。

死海周边示意图

迦百晨
Capernaum

加利利海

提比利亚
Tiberias

凯鹏利亚
Caesarea

安曼Amman

尼泊山MT.Nbo

马代巴Madaba

耶路撒冷
Jerusalem

伯利恒城
Bethlehem

死海Dea Sea

克拉克城堡Karak

马萨达
Masada

佩特拉古城
The ancient city of Petra

红海

2 死海是世界上自然资源最丰富的地区之一，如果你是一位开发商，除了课本上谈到的外，你会如何开发、利用死海的资源呢?

尼亚加拉瀑布 Niagara Falls

世界第一大跨国瀑布

　　尼亚加拉瀑布位于加拿大安大略省和美国纽约州的尼亚加拉河上，是世界第一大跨国瀑布，也是美洲大陆最著名的奇景之一，与伊瓜苏瀑布、维多利亚瀑布并称为世界三大跨国瀑布。

　　实际上，尼亚加拉瀑布由三部分组成：美国瀑布、新娘面纱瀑布及马蹄瀑布，其水流展示出世界上最狂野、最恐怖、最危险的漩涡急流：水流从海拔174米的高度一泻千里，冲刷出7千米长的峡谷，那澎湃的气势就像是有千军万马在峡谷中奔腾，十分震撼。

课文链接

　　尼亚加拉瀑布飞流直下的场景颇为壮观。鲁教版高一必修课本1中收录了刘长春写的《尼亚加拉瀑布抒情》一文，生动形象地讲述了从高处鸟瞰瀑布、夜间欣赏瀑布以及河水奔流而下时的壮观景色。关于尼亚加拉瀑布的壮观以及带给作者的震撼，课文中这样写道：

　　向西望去，只见铺天盖地滚滚而来的，分明是千万条见首不见尾的蛟龙。它们翻滚着、缠绕着、拥挤着，以排山倒海之势雷霆万钧之力压向断壁。就在前面的一排巨浪刚刚冲出的一瞬间，后面的一排巨浪又接踵而至。只听得"轰隆、轰隆"一声声震天动地的巨响，前呼后拥的千万条巨龙，从五十米高的两处山崖上一齐跌落深渊，形成了一千多米宽度的两道举世闻名的瀑布（其一在加拿大境内的称马蹄瀑布）。如此雄伟！如此壮美！难怪爱尔兰诗人托马斯·莫尔会发出这样的感慨："简直不可能用寻常的笔墨来描述其气势的万分之一。"——我也同样！

游学拾贝

1 培养对大自然的热爱之情。

　　本文描写的是尼亚加拉大瀑布飞流直下的情景。在欣赏这壮观场景之时，培养自己热爱大自然和生活的美好情感。

2 在寓情于景中寻找美。

　　培养自己学会审美阅读，让自己在独立阅读中，寻找美，品味美，感受美。

尼亚加拉大瀑布由于其激流惊险，是一个非常适合挑战自我的地方。很多冒险者都曾来到大瀑布冒险，以证实自己顽强的意志力。当然，也有一些冒险者不慎丢失了自己的性命。

比如说，1901年，美国密执安州女教师安妮·埃德森·泰勒，将自己和爱猫装进一个木桶里从瀑布上游冲下来，希望能通过自己的行为为学校集资，结果，她并没有获得资助，不过她和自己的小猫没有受到一点儿损伤。更为有趣的是，这个木桶的仿制品在大瀑布博物馆里作为展品被展出，很多游客去那里参观时，都忍不住地慕名上前抚摸。

更有意思的是，2003年10月21日，一位名叫科克·琼斯的美国男子跳入尼亚加拉瀑布，结果奇迹般生还；但他却被罚款了，并且被勒令一年内不准靠近尼亚加拉瀑布公园。

这里也吸引了很多杂技表演艺术家前来大显身手。比方说，逃生大师威廉·赫尔曾钻进一只木桶里从大瀑布上翻滚下来，当时围观他从大瀑布上翻滚下来的人高达20万。1859年，法国走钢丝演员查理·布隆丹从一条长335米，悬于瀑布水流汹涌处上方49米的钢丝上走过去。这个纪录直到现在还没有被人打破。尼亚加拉大瀑布不仅给予人们视觉上的享受，更带给人们精神上的震撼。

边读
边游

解密大瀑布

尼亚加拉大瀑布的看点绝不仅仅是展示给游客飞流直下的"银河"，而是能让游客从多种角度体会它的壮观。

为了让游客更好地观看尼亚加拉瀑布，美国和加拿大的国境里错落有致地设有四座高大的瞭望塔，三个在加拿大境内，一个在美国境内。距离瀑布最近的一座是施格林瞭望塔，它的名字寓意为"天塔"，是加拿大CP旅馆系统最高的塔楼，高达100多米。通过塔顶的电梯上有一半是镶着玻璃的，人们在乘坐电梯时就可以将瀑布一览无余。

施格林瞭望塔里面有剧院和游戏场所，最上层是旋转餐厅。不远处的恩淇朗瞭望塔高达150米，呈锥形，直插云霄。从塔上可以饱览波澜壮阔的马蹄瀑布：马蹄瀑布像一幅巨大的凹弧形银幕，也像一个三面悬流的深不可测的巨大洞穴。

美国一侧的奥尼达瞭望塔仅有三分之一高出地面，从塔里正面看美国

瀑布，会发现，它就像是一面白色的纱幔一样倒挂在蓝天白云、青山碧水之间。如果想要仰视大瀑布倾泻的景色，可以沿着山边的崎岖小路，前往"风岩"，这里算是大瀑布的脚下。

人们在尼亚加拉大瀑布附近还展开了各种活动，比如说，美国和加拿大在尼亚加拉河的两岸各建造了一个码头，配备了4艘游船，每艘能载客数百人，其中一艘叫"雾中少女"的游船带着游客穿梭于瀑布激起的千万层水汽中的感受，足以让青少年朋友惊呼。

美国政府和加拿大政府将尼亚加拉瀑布周围辟为公园，在加拿大的一侧划为维多利亚女王公园，美国的一侧划为尼亚加拉公园。公园里建有很多游乐设施：青少年朋友可以乘电梯深入地下隧道，钻到大瀑布下面，聆听瀑布落下时洪钟雷鸣般的响声，这更像是一次冒险之旅；要看大瀑布正面全景，最理想的地方还是站在彩虹桥上，它横跨美国和加拿大之间的尼亚加拉河，在桥上只走上五分钟，便可从美国"走"到加拿大；尼亚加拉瀑布公园还开设了直升机、西班牙式高空缆车和热气球的游览项目，青少年朋友可以搭乘它们从空中观看大瀑布的壮丽景色。

除了白天观察飞流直下的尼亚加拉大瀑布外，还有很多别样的自然景观耐人寻味。尼亚加拉大瀑布被山羊岛和鲁纳岛分成了三段，这两个岛上绿树成荫，景致优雅，是休闲娱乐的好去处。

尼亚加拉大瀑布的夜景也十分漂亮，美国瀑布和新娘婚纱瀑布在晚上用不同色彩的灯光照去时，大小瀑布的颜色不同，变得晶莹透彻，熠熠生辉。从塔顶往下望，会发现随着灯光颜色的变换，水色由白转为浅红，由浅红转为浅蓝，由浅蓝转为翠绿，变幻莫测。在夏季的每个星期五，尼亚加拉瀑布上空还有焰火表演。

来到加拿大参观尼亚加拉大瀑布，必去的景点当属"Journey Behind the Falls"——瀑布后之旅了，这是由西尼克隧道改建的用来观赏瀑布的最佳观赏点。从入口处领取一件黄色的雨衣，然后乘着电梯降到几十米深的地下，再穿过两条隧道，就到达了一个突出的平台上，能够欣赏加拿大瀑布的正侧面，仿佛置身于瀑布之中。在这里，只要一伸手就能够触摸到飞溅的瀑布，游客可以近距离地观赏到具有雄伟英姿的瀑布。

尼亚加拉瀑布市

加拿大境内，尼亚加拉瀑布所在的城市以瀑布为名，这里是一个人口只有十几万的美丽小城市。白天，这里彩旗飘飘；到了夜晚，焰火腾空，再加上大瀑布反射出来的七彩霓虹，使得这个小城市更加独具魅力。

来到这座小城，青少年朋友可以去植物园观赏奇花异草，也可以到巨屏立体电影院欣赏一下罕见的景观。这里还设有好几座博物馆，其中的尼亚加拉瀑布博物馆设在彩虹桥旁边。它建于1827年，据说是北美历史最悠久的博物馆之一。里面展示了美洲早期的史迹，古代的武器与石器，还有雀鸟的标本、古埃及的木乃伊、超过15米长的鲸鱼骨骼等，青少年朋友可以据此了解远古时代的美国。取自美国加利福尼亚森林的世界最大的红杉是令人们难得一见的景观。顺着大瀑布公路向北或向南还有一些景点与游览项目，如格雷特峡谷探险、法国人修筑的要塞、尼亚加拉峡谷等，还有许多小瀑布也别有一番情趣。

此外，这里卖纪念品的商店有很多，它们大多是以尼亚加拉瀑布或加拿大的国徽——枫叶作背景或图案，比如用银制成的枫叶模型的襟章，极具趣味。

尼亚加拉公园模型图

尼亚加拉水族馆
大湖花园
尼亚加拉峡谷
探索中心
攀岩墙
奥尼达瞭望塔
游客中心
山羊岛
野餐区
尼古拉·特斯拉纪念馆
月亮岛
三姐妹岛
顶部的瀑布餐厅

尼亚加拉河

维多利亚公园

尼亚加拉大瀑布所属的维多利亚公园在加拿大境内，这里林木繁盛，鲜花盛开，绿草如茵。特别是到了秋天时，满园的鲜红枫叶更凸显了这里的萧瑟静穆。

维多利亚公园内斜坡上有一个世界第二大的"花钟"，别具一番特色，其面积达100多平方米。钟面用24000种南北美的花卉植物"植"成，钟面的字母由黄色花朵构成，中间的各种鲜花组成美丽的图案，每换一个季节，这些图案也会跟着变换。每过一刻钟，"花钟"就会准时敲响，声音就像八音和鸣，悠扬悦耳。"花钟"时针、分针和秒针是由粗大的钢条制成，通过水力发电厂传送的电力来推动。人们在尼亚加拉瀑布市还能买到"花钟"模型纪念品：用细珠串成的项链，中间吊着一个细珠串成的"钟面"。这么美丽的"时间"，相信每位青少年都能懂得它的珍贵。

尼亚加拉公园

尼亚加拉公园除了前面介绍的能帮助参观尼亚加拉瀑布的一些现代化设施以及游乐场所外，还有一个面积0.4平方千米的植物园。走进植物园，里面繁茂的植物和潺潺的流水声让人感觉仿佛置身于热带雨林中。蝴蝶生态保护温室就坐落在植物园中，温室里面是2000多只自由飞翔的热带蝴蝶，不同种类、不同颜色的蝴蝶让人眼花缭乱，有些蝴蝶还会飞到人身上，煞是有趣。青少年朋友可以在这里对蝴蝶的繁多种类有更深一步的认识。

同类推荐

黄果树大瀑布位于中国贵州省安顺市镇宁布依族苗族自治县，因当地一种常见的植物"黄果树"而得名。它是世界著名的大瀑布之一，以水势浩大著称。

黄果树瀑布不仅只一个瀑布，以它为核心，在它的上游和下游河段上，共形成了雄、奇、险、秀等风格各异的瀑布共18个。作为世界上最大的瀑布群，它已经被列入世界吉尼斯纪录。

黄果树瀑布壮观的气势与其水流量有关。当水大的时候，瀑布溅珠会飞洒到100多米高的黄果树街上，人们在两三里外便能听到雷鸣般的响声。在瀑布的后面，有一条长达134米的水帘洞横穿瀑布，这个水帘洞由六个洞窗、五个洞厅、三股洞泉和六个通道所组成，青少年朋友一定会联想到《西游记》中孙悟空花果山上的水帘洞。这样壮观的瀑布下的水帘洞，在世界各地瀑布中也是罕见的。在水帘洞里观赏黄果树瀑布，那可是一场惊心动魄的震撼场面。

瀑布附近也有很多风景独特的景点。在它的前面有一道很深的箱形岩溶峡谷，峡谷的右边有钙华坡、石笋山，这里开着争芳斗艳的鲜花；瀑布的中间有犀牛潭、马蹄潭等，其中的犀牛潭深17米，常被溅珠覆盖着，雾珠腾空。黄果树景区属于典型的喀斯特地貌，这就使得景区里面陡峭险峻，在旅行中一定要小心，最好穿胶鞋和布鞋游玩。

在瀑布附近还有一些颇为高雅的建筑：如瀑布的对面有古雅的"观瀑亭"，瀑布下游不远岸边的绿树丛中建有黄果树瀑布宾馆，这里采用的是布依族的石砌建筑风格。此外，瀑布侧畔建有徐霞客大理石雕像。

游学思辨

1 动手做实验"瀑布前的彩虹",说一说彩虹形成的原因。

（1）取来一个塑料小瓶，一根缝衣针，再准备好适量的水。

（2）用缝衣针在塑料瓶盖上扎大概二十几个小孔。

（3）将塑料瓶灌满水，盖紧瓶盖，然后将自己身体背对着太阳，握住瓶子。

（4）轻轻地挤压使水喷出来，这时候你会发现，眼前出现了一道美丽的彩虹。

维多利亚公园模型图

2 　 除了上面讲述的瀑布外，你还知道哪些著名的瀑布？中外各写出几个。

艾尔斯岩石 Ayers Rock

世界上最大的整块单体巨石

　　艾尔斯岩石位于整个澳大利亚大陆的中心——澳大利亚北领地，这块巨岩孤零零地矗立在荒凉无垠的荒漠中，尤为独特。

　　艾尔斯岩石又名艾尔斯巨石、乌鲁鲁岩石，岩石基围周长约9千米，海拔867米，距地面高度335米，长约3000米。艾尔斯岩石是世界上最大的整块单体巨石，它形成于距今6亿年前的远古时代。整块岩石呈赭红色，在太阳光的照射下，岩石那光溜溜的表面闪闪发光，在空寂无物的广袤沙漠上显得既壮观又神秘。更加令人不可思议的是，岩石还会随着时间的变化转换颜色，因此它还被称作"魔石"。

课文链接

　　每个未成年人都有对世界美好事物的向往，语文版八年级下册《奥伊达的理想》中的小主人公也不例外，里面从一个少年的视觉来介绍艾尔斯岩石的奇特。有关它的神奇，课文里这样写道：

　　他在黄金海岸晒日光浴，在大堡礁游泳。当然也爬过蓝山，在艾尔斯岩石旁边照过相。奥伊达觉得，世界真是太奇妙了，有这么多令人惊叹的事物。而给他印象最深的是他在去艾尔斯岩石的路途中看到的景象。奥伊达坐在汽车中向窗外望去，只见火红的山脉连绵起伏，四周浅黄色的沙土上生长着一些他从未见过的植物。旅行回来后，奥伊达常常盯着自己在岩石边拍的照片好奇地想："不知道我们没有去的那些地方离艾尔斯岩石远不远。那里到底有些什么？"

游学拾贝

① 增加对澳大利亚一些美景的了解。

　　奇妙的艾尔斯巨石位于澳大利亚中北部的北领地，这里还有众多美景，如爱丽斯泉、卡塔丘塔（奥加石）、帝王谷、麦克唐纳山脉等都在澳洲中部的这片红色的沙漠区域上。通过这些景点感悟北领地的无限魅力。

② 探究奇观背后的真相。

　　从科学的角度解释艾尔斯巨石会随着时间变换颜色的原因，更加热爱大自然，在其过程中体验大自然的神奇。

艾尔斯巨石究竟是如何形成的，科学家们对此至今没有确切的答案，只有各种推测。现在主要有两种说法：

地质运动说。大约在四亿五千万年前，地壳运动使得巨石所在的阿玛迪斯盆地向上推挤形成了大片的岩石。地块的隆起和交叠又使巨岩处于垂直状态。后来，到了大约三亿年前，地面上又发生了一次神奇的地壳运动，致使这块巨大的石山被推出了海面。就这样，经过亿万年的风化作用，这块石山形成了地貌学上所说的"蚀余石"。

陨石说。还有一种说法是，在几亿年前，离地球运行轨道较近的一颗小行星由于偏离了自己的轨道而坠入大气层。这块陨石的三分之二沉入了地下，三分之一露出地面，经过漫长时间的风化，形成了今天的艾尔斯岩石。

边读
边游

乌鲁鲁—卡塔丘塔国家公园

艾尔斯岩石所在的乌鲁鲁—卡塔丘塔国家公园，位于澳洲大陆中部的北领地地区，占地约1.33平方千米。该公园是联合国教科文组织认定的世界文化和自然双遗产。这里一系列奇异的地质与地貌特点让人们颇为惊叹，其中最雄伟壮观的独体巨石当属乌鲁鲁和卡塔丘塔。

公园的文化中心就位于乌鲁鲁的下面，这里有阿南古的艺术家和手工艺人聚在文化中心工作、创作，人们可以在这里了解纯正的原住民传统艺术、丛林美食等。从外观看，文化中心是一个不规则结构的建筑，用当地生产的土坯建成，看起来像两条古代的蛇——库尼亚和利鲁，原来，古老建筑的风格是源于流传千古的传说。

乌鲁鲁周围有一条全长约10千米的环形步道，从这里徒步行走可以从各种不同的角度观察到乌鲁鲁的不同形态。在行走的过程中会看到穆迪丘鲁水洞，在原住民阿南古人眼中这是水蛇祖先的家园。如果在旅途过程中遇上下雨天气，还能有幸在这里看到神奇的瀑布景观。在行走的过程中，可以看到黑胸的秃鹰或者褐色的蛙嘴夜鹰，燕雀们也会为旅行者增添很多乐趣。其他还有一些比较短的步道，如利鲁步道、玛拉步道和坎居峡谷、朗卡塔步道或库尼亚步道，这些都是喜好徒步旅行者最好的选择。此外，旅行者还可以坐在公园专为旅行者准备的飞机里从高空中观赏到袋鼠群、阿马迪厄斯湖、帝王谷等自然景

观，将这个地区独特的地质构造和沙漠风光一览无余。

更为神奇的是，阿南古人使用的山洞至今还保存完好——公园里有一座原住民进行祭奠的殿堂，洞壁上保留着史前的壁画和岩石雕刻，大多数是动物的形态和表示原住民信仰的图腾。虽然已经经历了上万年的历史，但是这些壁画仍然能够清晰地看到。旅行者可以据此了解这里的史前文化。

公园中建有乌鲁鲁艾尔斯岩度假村，度假村里每天都提供免费的原住民文化活动，旅行者可以与原住民向导一起畅游红土中心，有兴趣的话还可以听他们讲述乌鲁鲁以及当地原住民的历史和文化；想要学习投掷飞镖和回力标，只要虚心求教于这里的原住民向导就可以了，休闲之旅一定会令人获益匪浅。

在这里还能欣赏到当地特有的迪吉里杜乐管演奏的乐曲；在原住民艺术集市上，随处可见原住民艺术家所创作的绘画作品。旅行者可以在这里观看原住民舞蹈表演，也可以参与进来与原住民进行互动，场面非常热闹，这无疑是提高自己艺术修养的好机会。

此外，在乌鲁鲁骑骆驼也是非常难得的体验，要知道，骑着骆驼可以远距离观赏艾尔斯岩和奥加石绚丽的日落景观。乌鲁鲁的沙漠星空晚宴也是这里独具特色的体验——寂静之声沙漠晚宴和独享星空晚宴。不过无论参加哪一个，都能欣赏到乌鲁鲁美妙绝伦的日落景观，品尝到澳洲地道的美食。

卡塔丘塔

　　与艾尔斯岩一样，同是乌鲁鲁-卡塔丘塔国家公园中独到景色的卡塔丘塔，也叫风之谷，距离艾尔斯岩有36千米。这里的36个形状和颜色都非常美丽独特的红色风化砂岩圆顶别具一格，这也正是当地土著居民土语所称的卡塔丘塔，意指"多头之地"的渊源。

　　这些奇特超凡的岩石与艾尔斯岩一样，在日落时分会呈现出灿烂的绯红色，并且也是当地土著顶礼膜拜的圣地。卡塔丘塔的最高处是奥尔加山，这里高546米，比艾尔斯岩高出200米，比海平面高出1066米。

　　想要以最好的视觉观察卡塔丘塔，最佳地点莫过于瓦帕峡谷，它是个V字形的大峡谷，沿着红色龟裂状的红色石路走到谷底，就能看见碧水与绿洲。红色巨岩耸立在两边，直插天际，行走在这V字峡谷中间的小路上，在庞大的石壁下显得极其渺小。环绕这些亿万前的海底巨石阵慢慢走，会走到一个叫风之谷的地方，这里可以深入到巨石阵的内部。

　　由于卡塔丘塔是澳大利原住民阿南古男人的试炼之地，他们在这里打猎、祭祀、成长，所以这里也被称为"男人的秘密"。现在，有两条步道是可以开放给游客的，青少年朋友可以尽量欣赏和了解这里特有的原住民文化。

大堡礁

　　在澳大利亚，与艾尔斯岩石齐名的自然景观当属大堡礁了，它位于南太平洋的澳大利亚东北海岸，是世界七大自然景观之一，有"透明清澈的海中野生王国"的美誉。

　　每当落潮时，部分珊瑚礁露出水面形成珊瑚岛，景色颇为壮观。这里生存着400种不同类型的珊瑚礁，其中有世界上最大的珊瑚礁，这里生存有鱼类1500多种，软体动物达4000多种，鸟类240多种。每当风平浪静的时候，旅行者就可以坐着游船从这里经过，观察海中那连绵不断的多彩、多形的珊瑚景色；喜好游泳的游客可以潜入水底穿梭在珊瑚之间，与各种漂亮的鱼儿共舞，仿佛自己置身在一个艺术宫殿里；旅行者还可以通过潜水来观赏这里的海底奇观。

　　大堡礁是由600多个大小岛屿组成的，其中以绿岛、丹客岛、磁石岛、海伦岛、哈米顿岛、琳德曼岛、蜥蜴岛、芬瑟岛等较为有名。有些有特色的岛屿已经被开发成了旅游区，比方说鸟岛，如果旅行者站在带有玻璃窗的小艇上观察，就觉得就像看小宽银幕立体电影一样奇特；绿岛胜地里有一个与一般水族馆不同的"水下世界"馆，除了能看见更多种类、更多数量的热带鱼，还能看见更多斑斓奇异的活珊瑚，旅行者可以在这里了解到更多的海洋生物。在因山顶形状像桌子而得名的桌台高地上，旅行者可以观赏到一些怪树，如门帘树和寄生树等，颇为壮观。此外，这座山上有两个火山湖，青少年朋友可以坐上游艇观看它们宛如两颗绿色宝石镶嵌在高山顶的"桌"面上。

悉尼歌剧院

　　如果艾尔斯岩石和大堡礁是澳大利亚最负盛名的自然景观，那么悉尼歌剧院就是澳大利亚最负盛名的人文景观了。它位于澳大利亚悉尼，是20世纪最具特色的建筑之一，也是世界著名的表演艺术中心、悉尼市的标志性建筑，已经被联合国教科文组织评为世界文化遗产。

　　悉尼歌剧院的外观是特有的帆造型，由三组巨大的壳片组合在一起，远看就像三个三角形翘首于河边，屋顶是白色的形状就像贝壳一样，它由100多万片瑞典陶瓦铺成，并经过特殊处理，因此能够抵挡得住海风的侵袭。每天有数以千计的游客前来观赏这座建筑。

　　歌剧院整个分为三个部分：歌剧厅、音乐厅和贝尼朗餐厅。歌剧厅、音乐厅及休息厅并排而立，建在巨型花岗岩石基座上，各由4块巍峨的"大壳顶"组成。音乐厅是悉尼歌剧院最大的厅堂，共可容纳2679名观众，可以在这里欣赏到交响乐、室内乐、歌剧、舞蹈、合唱、流行乐、爵士乐等多种表演。音乐厅最特别的地方就是在它的正前方，有由澳洲艺术家设计建造的大管风琴，它号称是全世界最大的机械木连杆风琴，由10500个风管组成，来这里参观的游客无不为它惊叹。

　　歌剧厅较音乐厅微小，拥有1547个座位，主要用于歌剧、芭蕾舞和舞蹈表演。舞台面积440平方米，有转台和升降台。"壳体"开口处旁边另立的两块倾斜的小"壳顶"，形成一个大型的公共餐厅，叫做贝尼朗餐厅，每天晚上能接纳6000人以上就餐。此外，剧院还有话剧厅、电影厅、大型陈列厅和接待厅、5个排列厅、65个化妆室、图书馆、展览馆、演员食堂、咖啡馆、酒吧间等大小厅室900多间。来这里不仅能看到演出，还能来贝尼朗餐厅吃饭和观赏夜景。

同类推荐

在我国的河北省赤城县，有一块号称"四十里长嵯"的巨石叫滴水崖，由于这块石头的崖头有一个终年滴水的山崖，甚至到了冬天也不会结冰，所以人们为之取名为滴水崖。

滴水崖整体高度为560米，长大约有20千米。通体是一整块红色大巨石，它的崖根像由一个大圆盘托着，四周的山各有5千米方圆，呈环状拱卫着，比号称"世界第一巨石"的澳大利亚艾尔斯岩还高还大。

滴水崖属于丹霞地貌结构。在大自然的鬼斧神工下，这里形成了赤壁丹崖及方山、石墙、石峰、石柱、嶂谷、石巷、岩穴等造型地貌，是红层地貌的一种类型，有"关外名山"之誉，是青少年朋友观察北方丹霞的最佳选择。

游学思辨

1 通过做岩石的风化实验，知道大自然中的岩石，受到冷热的不同影响，会出现裂缝，甚至破裂。

（1）准备好一个镊子、几块小石头，一个酒精灯和一盒火柴，一个装着冷水的杯子。

（2）用镊子夹住其中的一块小石头，放在用火柴点燃的酒精灯的外焰上面加热，加热到一定程度时，将其迅速放在冷水中。

（3）将冷水中的小石头取出来，接着放在酒精灯上加热，加热到一定程度后，再扔进冷水中。

（4）如此反复几次后，会发现，先前的小石子断裂成几片掉了下来。

2 大自然中还有很多奇特的石头，如磁铁石、大理石、陨石等，你能说出它们的特点，并讲讲它们是怎样形成的吗？

米洛斯岛 Milos island
古希腊爱琴海文化中心之一

　　米洛斯岛是希腊基克拉泽斯群岛最西的岛屿，位于爱琴海中，面积为150.6平方千米，主峰伊比亚斯在西部，海拔751米。

　　米洛斯岛是火山岛，它的天然港口是以前主火山口遗留的空穴，深度由130米降低到55米，在南部海岸的一个洞穴中，甚至还能听到火山的心跳声，而在东部海岸的港口有灼热的含硫泉水。米洛斯岛的形状很不规则，就像是马蹄状。火山运动导致米洛斯有壮观的地形和各种各样的海滩，既有沙滩，又有鹅卵石的石头滩，被白色、红色、黄色和黑色的岩石包围着，米洛斯岛附近的海水也由于深浅不同而呈现出不同的颜色。

　　经过考古学家长期的考古发现，这里曾经有克利马和菲拉科皮城等。著名的米洛斯的维纳斯就是在该岛古卫城阿达曼达附近出土的，已经发掘出来的古卫城克利马出土有宫殿、健身房和罗马剧院。

　　菲拉科皮城最早建于公元前2300—前2000年，公元前2000—前1550年在原址上建立第二座城市。第三座城市建于迈锡尼时期，代表了基克拉泽斯文明的全盛时期，城市约毁于公元前1100年。同学们在这里可以尽情领略辉煌的古希腊文明史。

课 文 链 接

维纳斯在希腊神话中是一位代表着爱与美的女神。粤教版必修4和人教版高中第二册都收录了课文《米洛斯的维纳斯》，里面写了维纳斯像的出处——维纳斯像原来在米洛斯，后来被运到卢浮宫。有关米洛斯的介绍，课文里这样写道：

据说，这座用帕罗斯岛产的大理石雕刻而成的维纳斯像，是19世纪初叶米洛斯岛的一个农人在无意中发掘出来的，后被法国人购下，搬进了巴黎的卢浮宫博物馆。那时候，维纳斯就把她那条玉臂巧妙地遗忘在故乡希腊的大海或是陆地的某个角落里，或者可以说是遗忘在俗世人间的某个秘密场所。不，说得更为正确些，她是为了自己的丽姿，无意识地隐藏了那两条玉臂，为了漂向更远更远的国度，为了超越更久更久的时代。对此，我既感到这是一次从特殊转向普遍的毫不矫揉造作的飞跃，也认为这是一次借舍弃部分来获取完整的偶然追求。

游学拾贝

① 理解残缺的美的含义。

领会这尊断臂的维纳斯像身后更加唯美的意义，观察一下周围艺术品的"不完美"，试着说说它们的美学意义。

② 观察断臂的维纳斯，领会其引申意义。

当我们用宽容的眼光来看待我们现实的世界时，会发现美无处不在。当自己以一种接受的心态去对待身边的不完美时，自己本身也就发现了一种美。

③ 了解米洛斯岛的古文明遗迹。

通过米洛斯岛的一些遗迹，了解一下这些遗迹背后的古代故事，让自己了解古建筑及古文明的历史进程。

米洛斯岛之所以出名，是源于那尊1820年发现于该岛一个山洞里的女神雕像。这位女神在古罗马神话中被称为维纳斯，而在希腊神话中，她是爱与美的女神阿佛洛狄忒。

传说她出生在大海的泡沫中，后来，三位时光女神和三位美惠女神陪伴着她来到奥林匹斯山，这里所有的神都被她的美貌折服，纷纷向她求爱。宙斯向她求爱遭到拒绝后非常愤怒，就将她嫁给了丑陋而瘸腿的火神赫菲斯托斯，但她却爱上了战神阿瑞斯，并生下小爱神厄洛斯。

女神的传说神秘而动人，而保存女神雕像的这座岛屿更是有许多可看之处。

边读边游

米洛斯城

米洛斯城是米洛斯岛的首府，这里的考古博物馆里收藏着有关阿佛洛狄忒的物件。它南部的海滨村庄克里玛一年四季都树木茂密，碧草如茵。此外，米洛斯城的附近还有城墙和罗马剧院遗址。克里玛东南部是米洛斯的艾达玛斯港口，从那里有公交车前往著名的海滩胜地阿波罗尼亚和基克拉泽斯岛上最重要的古代遗址之一费拉克皮——这里保留有完整的史前青铜时代文明。畅游在这座小城里，青少年朋友可以更多地了解昔日古希腊的风貌。

古罗马剧场

位于米洛斯的古罗马剧场是由克利马古城居民于公元前3年所建，曾遭到破坏。后在古罗马时代，人们又在其基础上建造了更大的由雪白的大理石修建的剧院，最多可容纳7000人。整个剧院共有7层大理石台阶，演出时，音效非常好。现在这里还会不时地举办文艺演出和音乐会，青少年朋友可以在这里感受一场震撼灵魂的旋律。站在剧院的山坡上可以俯瞰港口，城市的美景一览无余。

同类推荐

砺洲岛位于我国广东省湛江市东南约40千米处，面积56平方千米，它四面环海，悬浮于一片大海之上。大约在20万—50万年前由海底火山爆发而形成，是中国第一大火山岛。

砺洲古称砒洲，宋末皇帝赵昺在岛上登基，升格为翔龙县后，改名为砺洲。这里保存有宋代的很多名胜古迹，如宋皇城遗址、祥龙书院、八角井、宋皇碑、宋皇亭、宋皇村、赤马村以及窦振彪墓和"宫保坊"等。

砺洲岛有南国著名旅游度假胜地那晏海石滩，有十分理想的天然海浴场；此外，繁荣的渔港是也是砺洲岛的一大景观。每天的早晚，来到这里参观的人有很多，只见成百成千的渔船云集在码头附近的海面上。到了晚上，渔船上都点起了灯，顿时千灯竞辉，渔歌阵阵，仿佛是一座由船只连成的"海中之城"。这样的美景并不多见，青少年朋友可以尽情欣赏。

1 模拟火山喷发小实验，理解米洛斯岛这类火山岛的形成过程。

（1）准备好一个玻璃杯、一瓶醋和一瓶洗涤剂，还有一包小苏打和一张报纸。

（2）往杯子里倒入一些小苏打水，再倒入一些洗涤剂，然后把报纸垫在玻璃杯下。

（3）往杯子里倒入一些醋，过几秒钟杯子里就会产生很多泡沫，而且泡沫在不断地上涨，再过了十几秒，泡沫会从玻璃杯口涌出来，溢出瓶口流到报纸上。

2 通过网络或者相关书籍查一查世界上还有哪些像米洛斯岛这样的火山岛，上面有人类居住吗？有着怎样的美景？

贝加尔湖 Lake Baikal

"西伯利亚的蓝眼睛"

　　贝加尔湖是世界上容量最大、最深的淡水湖，有"西伯利亚的蓝眼睛"的美誉，它还是俄罗斯的主要渔场之一，也是世界上最古老的湖泊之一。

　　贝加尔湖位于俄罗斯西伯利亚的南部伊尔库茨克州及布里亚特共和国境内，距蒙古国边界仅111千米，是东亚地区不少民族的发源地。湖型狭长弯曲，就像是一弯新月，所以又有"月亮湖"之称。

　　贝加尔湖长636千米，平均宽48千米，最宽79.4千米，面积3.15万平方千米，平均深度744米，最深点1620米，湖面海拔456米。贝加尔湖湖水清澈透明，澄澈清冽，湖上的风景也十分秀美，景观非常奇特。湖中的动植物比世界上任何一个淡水湖里的都多，其中部分种还是世界上独一无二的特有品种，这里的生物亦具有古老性。青少年朋友可以了解到更多大自然的珍奇物种。

课 文 链 接

柴可夫斯基的芭蕾舞剧《天鹅湖》的背景便是贝加尔湖边的天鹅。北师大版七年级上册《天鹅的故事》中提到了贝加尔湖，对当时冬季时的湖面景色以及当时在湖边活动的生物进行了描写，课文中写道：

访俄期间，我在莫斯科认识了来自贝加尔湖的俄罗斯老人斯杰潘，他请我到他家去做客。

落座以后，我看到墙上挂着一支猎枪，就好奇地问："您老喜欢打猎？"

老人点了点头，说："是的，但那是30年前的事了。有一年初春，我背着这支猎枪，在贝加尔湖畔的沼泽地打野鸭。那年的春天来得特别早，一些候鸟从南方飞来。可是，谁也没有想到，突然寒潮降临，北风呼啸，湖面又上冻了。有些刚飞来的候鸟只好飞走，再找暖和的地方。我在湖边转悠了好半天，一无所获，感到十分扫兴。这时，从远处传来一阵清脆的啼叫声：'克噜——克哩！'我抬头一看，原来是一大群天鹅。"

游学拾贝

① 学习课文中天鹅团结互助的精神。

从天鹅的互助中感受生命的可贵，领悟只有互相帮助，自己才会更美好的道理。

② 提高对珍稀物种的保护意识。

通过对贝加尔湖环境和这里的珍奇物种能生存至今的原因的了解，对生态环境的保护意识。

在古老的贝加尔湖畔，流传着一个又一个动人的神话故事。如果你到贝加尔湖游玩，乘船划到贝加尔湖水向北流入安加拉河的出口处，会看到一块非常巨大的圆石，人们管它叫"圣石"，每当涨水的时候，这块圆石就好像在滚动一般。

相传在很久以前，湖边居住着一位名叫"贝加尔"的勇士，他有一个貌美如花的独生女，名字叫"安加拉"。贝加尔十分疼爱这个女儿，不过对她管教得也非常严格。有一天，有一只海鸥飞到安加拉身边告诉她，有位名叫"叶尼塞"的青年非常勤劳勇敢。安加拉听完后，不由得对这位少年产生了爱慕之心。但此事却遭到了贝加尔的强烈反对。无奈的安加拉只好趁着自己的父亲正在熟睡时，悄悄地离家出走去寻找自己的爱人。

边读边游

等到贝加尔醒后，发现自己的女儿不见了，恍然大悟，急忙去湖边追赶，可是怎么也追不上她。情急之下，贝加尔投下了一块巨石以挡住女儿的去路，可是此时的安加拉已经远远离去，投入了叶尼塞的怀抱。不过，这块巨石从此就屹立在了湖的中间，经过了成百上千年的洗礼。

秀美贝加尔

贝加尔湖风光秀美，有很多值得游玩的地方。这里有矿泉300多处，是俄罗斯东部地区最大的疗养中心和旅游胜地。如果青少年朋友能有机会乘坐贝加尔—阿穆尔铁路——西起贝加尔的乌斯季库特，东抵阿穆尔的共青城沿线观察，会看到高耸的峭壁和林立的怪石，这条铁路穿越的隧道约有50处，时而飞渡天桥，时而穿峰过峡，奇险而壮美。

贝加尔湖的东岸是奇维尔奎湾，它是个覆盖着稀少树木的小岛，这里的水不深，人们夏天可以在克鲁塔亚港湾游泳。西岸是佩先纳亚港湾，港湾两侧矗立着大大小小的悬崖峭壁，非常适合疗养、度假。特别注意的是，在这里可以看到被称为贝加尔湖自然奇观之一的高跷树。来到这里，青少年朋友可以很好地开阔眼界。

奥利洪岛

被誉为贝加尔湖"心脏"的奥利洪岛，位于贝加尔湖的中心，接近贝加尔湖的最深点——1637米，它的形状酷似贝加尔湖的形状。奥利洪岛景色优美，是野外自然爱好者以及摄影者拍摄绝佳景色的首选。奥尔洪岛有众多考古遗址，如古城、墓地、残留的古城墙等。

这里也是6—10世纪古文化的最大文化中心，被认为是萨满教的宗教中心。青少年朋友可以在这里找到当年的民族传统、习俗以及独特的民族特征。

后贝加尔国家公园

坐落在贝加尔湖东岸中部地区的后贝加尔国家公园，是一座"原始自然公园"，是俄罗斯为数不多，完全符合联合国教科文组织建议的特殊自然保护区。

　　这里除了有美丽的贝加尔湖上景物外，还有很多值得游玩的地方。在这里有5座高原山地通向贝加尔湖，其中最高的一座是巴尔古津山脉。整个山地绵延近300千米，宽度约80千米。山地中央地带的陡峭山峰还有典型的阿尔卑斯山脉的风格。群山的高度达2500米。贝加尔湖的东岸有一条徒步旅游爱好者的极佳线路，其中一条线路被称为"通往纯净的贝加尔湖之路"；还有一条精彩的线路，不仅可以让旅游者领略这个地区独特的自然风光，还能让人们在"考验之路"检验自己的虔诚——它坐落于圣角半岛的高地之上。直到现在，其峰顶仍被佛教徒、萨满教徒、基督教徒视为圣地。

　　公园里有一个满是珍奇生物的乌什卡尼群岛，它由大乌什卡尼岛和三个小岛组成。这里的要求很严格，只有得到后贝加尔国家公园管理处的特别许可才能访问该公园。在这里，能看到贝加尔环斑海豹，它是世界上独有的淡水湖海豹。

贝加尔湖民俗博物馆

　　坐落在贝加尔湖的东岸的贝加尔湖民俗博物馆，距离贝加尔湖60千米，它四周被树林包围，是一座露天式的建筑。馆内有许多东方游牧民族的生活设施，如埃文基人的兽皮、桦皮帐篷，布里亚特贫民的蒙古包，俄罗斯古布里亚特民族的木制小屋，以及草棚、粮仓、澡堂、鸡舍等。这里还可以看到居民们别具风情的民族服装、服饰以及配备精美鞍具的骏马等，让人在向往这里曾经居住的人美好生活的同时，也了解到鲜为人知的曾在这里过着游牧生活的人。

同类推荐

喀纳斯湖是中国著名的淡水湖之一，它坐落在新疆阿勒泰地区布尔津县北部，位于阿尔泰山脉中，面积45.73平方千米，平均水深120米，最深处达到188.5米。它的外形呈月牙状，这里风景优美，四周林木茂盛，主要居民为图瓦人，为中国国家5A级旅游景区。

这里是我国唯一的南西伯利亚区系动植物分布区，生长有西伯利亚区系的落叶松、红松、云杉、冷杉等珍贵树种和众多的桦树林等。还有各种珍奇的动物，许多种类的花木鸟兽都是全国绝无仅有的。这里生长着茂盛的草木，还有伸向湖心的栈桥。站在桥头上，同学们尽可观赏半山的晨雾和湖边景色。此外，这里的驼颈湾、白湖、变色湖、卧龙湾等都各有各的特色。在夏日雨后的早晨，同学们如若登上湖南段的骆驼峰，就有可能观赏到佛光奇景。

喀纳斯是漂流的好地方，这里河面宽阔，水流缓慢，沿途可以看见两岸美不胜收的风景。同学们还可以选择乘坐游船沿湖的北面逆流而上，湖沿岸有六道向湖心凸出的岩石平台，景色各异的六道湾定会令你大饱眼福。

游学思辨

1 动手做一做费列罗巧克力折纸——天鹅

没有见过天鹅的同学们，其实用很简单的工具——费列罗巧克力纸就能制作出美丽的"天鹅"，做法很简单，你可以试试哦！

工具：费列罗包装纸1张、费列罗巧克力底托1个、双面胶。

步骤：

（1）先将巧克力纸分别对折两次。

（2）打开后用剪刀沿折痕从四边剪，离中点有一段距离。

（3）翻过来，选一个角冲下，把最底下的角往回窝。

（4）把右侧的角往回窝，与底下的角折在一起，左侧的角按同样步骤做。

（5）竖着拿，按扁凸起的部分。

（6）如上就有了天鹅的肚子和尾巴。把上边的小正方形左右两边的角卷卷成一个长条。

（7）把长条尖端向下折，做出头和嘴，然后翻过来，将两侧翅膀的下端整理圆润；把翅膀往后折，掩住尾巴，两侧都这样，再整理下翅膀，立起来。

（8）在底托上粘双面胶，把天鹅粘在底托上，大功告成了！

（1）

（2）

（3）

（4）

（5）

（6）

（7）

（8）

2 　除了贝加尔湖有美丽的天鹅外，中国乃至世界还有很多地方有美丽的天鹅生存。查一查大百科全书，了解其他品种的天鹅以及栖息地等。

人文篇

地球孕育了雄奇壮美、神秘莫测的自然万物，而人类作为万物灵长，凭借非凡的才能和智慧，也创造了不逊于自然的人文风景。不同种族的人，创造了千千万万种人文景观：城市、村庄、服饰、建筑、音乐。

仙台
比萨斜塔
凡尔赛宫
罗马斗技场
剑桥
硅谷
奥斯维辛
珍珠港
檀香山

050-109

仙台 Sendai

日本的"森林之都"

仙台位于日本本州岛，它处于七北川和广濑川之间，与仙台湾相近，是日本本州东北地区最大的经济和文化中心。这里气候温凉湿润，素来有"杜之都"（森林之都）之誉。

仙台树木成林，绿叶繁茂，是游客的首选旅游观光地。仙台市里有很多古迹，如古国分寺、国分尼寺遗址和大崎八幡神社（国宝）、青叶城等，通过游览，我们可以更好地了解古代的日本文化。在该市的郊区，有闻名全国的旅游景点，如有日本三大温泉之一的秋保温泉、作并温泉等温泉度假村和日本三大景观——松岛、藏王国定公园、神社等全国闻名的旅游胜地。此外，这里还建有高尔夫球场和滑雪场等设施，是喜爱体育活动的游客的佳选。

课文链接

　　仙台是日本的一座文化名城。八年级下册课文《藤野先生》提到了鲁迅先生曾经到仙台去读书，对于仙台的描写，是这样的：

　　大概是物以稀为贵罢。北京的白菜运往浙江，便用红头绳系住菜根，倒挂在水果店头，尊为"胶菜"；福建野生的芦荟，一到北京就请进温室，且美其名曰"龙舌兰"。我到仙台也颇受了这样的优待，不但学校不收学费，几个职员还为我的食宿操心。我先是住在监狱旁边一个客店里的，初冬已经颇冷，蚊子却还多，后来用被盖了全身，用衣服包了头脸，只留两个鼻孔出气。在这呼吸不息的地方，蚊子竟无从插嘴，居然睡安稳了。饭食也不坏。但一位先生却以为这客店也包办囚人的饭食，我住在那里不相宜，几次三番，几次三番地说。我虽然觉得客店兼办囚人的饭食和我不相干，然而好意难却，也只得别寻相宜的住处了。于是搬到别一家，离监狱也很远，可惜每天总要喝难以下咽的芋梗汤。

游学拾贝

① 学习鲁迅艰苦朴素的求学精神。

　　从课文中了解大文豪鲁迅求学时候的艰苦，更加珍惜现在的学习条件，发奋努力学习。

② 领悟一座城市的人文气息。

　　通过了解仙台市的历史，加深对这里文化背景的了解，并感悟一座古城的兴衰历程。

最早的时候，仙台并不是一座独立的城市，最早在仙台建城的是仙台藩祖伊达政宗。1613年，他为了与外国进行贸易往来，专门邀请了传教士来到仙台，还派使节乘坐仙台藩制造的洋式帆船桑帆号出洋远航。他们横渡太平洋，在墨西哥的阿卡普尔科登陆，后来又横渡大西洋，到了西班牙的马德里，最后到达了意大利的罗马，这是日本人首次横渡大西洋的壮举，在日本历史上留下了辉煌的一页。使节团到达意大利拜见了罗马教皇。随即他们又启程回国，整个过程用了整整七年的时间。

边读
边游

松岛

位于仙台市松岛湾内的松岛，是日本的三大名胜景观之一，与广岛的严岛、京都的天桥立并称日本三大名胜景观之一。

由于过去的地壳运动，这里产生了260多座岛屿，再加上鸣子峡，不但山色壮丽，还能冒出天然温泉，成为温泉的胜地之一。松岛上最著名的四大景观是壮观的大高森、伟观的多闻山、幽观的扇谷以及丽观的富山。大高森上有壮观的山峰，同学们如若站在山顶远眺，可以看见雄伟的嵯峨溪及秀丽的松岛湾；多闻山上的代崎断崖堪称伟观，站在山上，同学们可以饱览太平洋的波涛和它的壮阔景色；双观山也是观察松岛湾口的好视角，站在上面，顿感松岛湾像是展开在海上的扇子，颇为壮观；富山也非常美丽，山顶上有被杉树和松树覆盖的大仰寺，同学们站在这里，可以尽情感受松岛的绮丽壮美。

与松岛海岸相连的有福浦桥，它是一条朱红色的长桥，同学们可以乘游船经此直往福浦岛，那里有很多白色水鸟栖息在上面。此外，乘游船还可以观赏到雄狮般的千贯岛、形状特别的金岛、静静的双子岛等星罗棋布的小岛。

在不同的时节，松岛上还会举办各种活动，如2月份的松岛有牡蛎祭，8

月份有放灯笼花火大会，10月份的园游茶会，同学们可以在这里尽情体会日本的民族风情。

瑞严寺

和仙台松岛齐名的瑞严寺，是日本东北地区第一名刹，也是一座是传承桃山建筑风格的伊达政宗菩提寺。

它的前身是由慈觉大师圆仁于公元828年创建的延福寺，现在的建筑是1609年由仙台藩主伊达政宗花费4年时间再造而成的，此时该寺改名为瑞严寺。1609年建造的"入母屋"结构本瓦顶正殿、正殿附属的唐风建筑"御成门"、蔓藤花纹和花型肘木雕刻甚美的库院回廊被指定为国宝，御成门和中门等被指定为重要文化遗产，同学们可以在这里领略具有特色的日本建筑风格。

瑞严寺里面分布着庄严的大伽蓝，其唐风板门和栏杆、隔扇和壁龛的豪华绘画、雕刻都很有观赏价值。穿过山门前往正殿的参拜道被包围在高大的杉林之中，同学们穿梭于其中，会油然产生肃穆之感。

仙台城遗址

位于仙台市青叶区的仙台城遗址，也被称作青叶城的仙台城遗址。它是由伊达政宗主持修建的，其城池在明治维新后遭到了破坏，现仅存有石墙和楼塔等，城堡中心的遗迹上建有护国神社、土井晚翠的荒城之月碑、岛崎藤村诗碑、昭忠碑以及伊达政宗的骑马铜像。

曾经的仙台城现在已经被开辟为青叶山公园。园里面设有青叶城资料展示馆，游客可以欣赏到由电脑绘图再现的仙台城。同学们们可以在这300米宽的屏幕上看到桃山建筑，展示馆里还收藏有伊达政宗遗物及其书信等。

同类推荐

北京市仙台村位于怀柔区东南部，因村内有仙圣传院而得名。据说，日本的仙台市就是由凤翔圣地仙台村而得名的。

现在村里仍然保留有建于唐代的大凤翔寺，但现仅存有三间大殿，东西厢房各三间。寺内有一棵大约有500年树龄的大柏树，被列为一级古树名木；寺内还保留有清嘉庆年间重修凤翔寺时立的龟首方座青石石碑一块。此外，这里还有一口建造于明万历年间的铁钟。寺门外有辽代汉白玉经幢两节，院内的东南有一口仙人井，井水的味道非常甜美，寺内还存有唐代建寺高僧真金代身及其他古物。

1　日本和我国有不同的文化，例如日本的和服就是一种代表他们民族的服装，如果将其制成折叠手工制品，日本纸娃娃的制作方式由于和服的构造就变得简单起来。你能根据上面的图片自己动手做一个日本纸娃娃吗？

2　日本仙台的很多建筑与中国的相仿，通过你对仙台的了解，你能说一些吗？你能知道这背后的历史渊源吗？

比萨斜塔 Leaning Tower of Pisa

意大利的建筑奇观

　　比萨斜塔堪称世界著名建筑奇观，是意大利的标志之一。它位于意大利托斯卡纳省比萨城市北面奇迹广场，是比萨城大教堂的独立式钟楼。

　　比萨斜塔始建于1173年，一开始的设计是垂直建造，1372年完工。由于在工程开始时地基不均匀和土层松软而倾斜，塔身倾斜偏向东南。

　　比萨斜塔造型古朴而灵巧，是罗马式建筑艺术的典范。整座建筑为8层圆柱形建筑，全部用白色大理石砌成，其塔高54.4米，塔身墙壁底部厚约4米，顶部厚约2米多。在底层有圆柱15根，中间六层各31根，顶层12根，这些圆形石柱自下而上一起构成了八重213个拱形券门。钟置于斜塔顶层。塔内有螺旋式阶梯294级。无论登上塔顶还是各层环廊，都能饱览比萨城的无限风光。

课 文 链 接

　　提起比萨斜塔，最容易让人想到的就是伽利略在塔上做的两个小球同时落地的实验。苏教版七年级上册《斜塔上的实验》一课中对此做了描述：

　　伽利略很乐于接受这个挑战。为这次"表演"选定的地点是比萨斜塔。指定的日期到了，教授们穿着他们的紫色丝绒长袍，整队走到塔前。学生们和镇上的很多人则走在这些人的前面。大家吵吵嚷嚷，兴高采烈，准备看伽利略出洋相，对他的人品宣判死刑。

　　当伽利略一步一步爬上斜塔时，大家都嘘他。他一只手拿着一个10磅重的铅球，另一只手拿着一个1磅重的铅球。时间到了，伽利略让两个铅球从塔顶同时落下。大家先是一阵嘲弄的哄笑——然后随之是大吃一惊的窃窃私语。难以相信的事情真的发生了！两个重量不同的铅球，同时从塔顶下落，同时越过空中，同时落到地上。

游学拾贝

① 学习伽利略刻苦的钻研精神。

　　在学习中遇到不懂的问题或者困惑，要试着探索到底，不要半途而废，这样才能得到真理。

② 学习伽利略不畏别人的责难，执着追寻自己梦想的精神。

　　在生活中我们做一件别人认为不可思议的事情时，免不了会有人嘲笑，要坚信心中的理念，为梦想战胜一切困难。

很多人都在好奇，为什么别的建筑都是垂直的，唯独比萨斜塔是倾斜的？是建筑师们特意要建造成这样的吗？

原来，这是因为它地基下面土层的特殊性造成的。比萨斜塔的下面有几层不同材质的土层，是由各种软质粉土的沉淀物和非常软的粘土相间形成的，在深约一米的地方是地下水层。其次，人们将其建造在了古代的海岸边缘，土质在建造时便已经沙化和下沉。

不过，当建造师发现它倾斜后，就马上采取了加固的措施：他们先是采用特殊的建筑设备来阻止斜塔的倾斜，后来又替换掉柱子或者其他破损的部件，又在地基间插入材料，大大地减少了倾斜程度，保证塔楼能够维持更长时间而不倒塌。

除了斜塔之外，比萨城中还有许多美丽的建筑。

边读边游

比萨大教堂

和比萨斜塔同样位于比萨城的比萨大教堂也是当地著名的名胜古迹。它始建于1063年，为大理石结构，是属于罗马式风格的一种建筑样式。

教堂平面呈长方的拉丁十字形，长95米，纵向是四排68根科林斯式的圆柱。纵深的中堂与宽阔的耳堂相交处被一个椭圆形的拱顶覆盖着，中堂用轻巧的列柱支撑着木架结构屋顶。大教堂的正立面高约32米，底层的入口处有三扇大铜门，上面有描写圣母和耶稣生平事迹的各种雕像。大门的上方是几层连列券柱廊，以带细长圆柱的精美拱圈为标准，逐层堆叠为长方形、梯形和三角形，布满整个大门的正面。教堂外墙是用红白相间的大理石砌成。

在教堂的正面有4层圆柱的装饰，正面和大门上，均雕刻有精美的罗马风格的雕像，特别是现已成为入口的波南诺。纵深100米的教堂内部用白、黑的条文图案装饰。讲教坛由6根柱子和5根有雕刻装饰的支柱支撑，中央是

表现信仰、希望、慈爱的雕刻，其戏剧性的画面和人体的哥特式的表现手法堪称一绝。讲教坛旁边的天花板吊下的一盏青铜灯，就是伽利略发现"钟摆等时性"原理的那盏吊灯，十分具有纪念价值。畅游于此，同学们可以深刻地了解意大利的教堂。

比萨洗礼堂

同比萨斜塔、比萨大教堂齐名的还有位于同城的比萨洗礼堂，它位于比萨大教堂前方约60米处，采用罗马式建筑风格，也伴有一些哥特式风格。它始建于1153年，是一座用大理石建造的圆形建筑，外墙的墙面也由大理石装饰，红色的中央大圆穹顶被一圈精致的尖拱券环绕着。

圆形洗礼堂的直径为39米，总高为54米，圆顶上立有3.3米高的施洗约翰铜像。洗礼堂里面有雕刻家尼古拉·皮沙诺创作的雕塑《诞生》，其主题为耶稣降生。

同类推荐

　　左江斜塔，又叫归龙塔，是世界八大斜塔之一，位于我国广西崇左市城区东北2000米处，建在左江中的石头岛——鳌头峰上，该塔是五层砖塔，塔底直径为5米，塔身高18.28米，塔身呈八角面体。塔八面正檐，每一檐角悬挂铜铃一个，随风叮当作响。

　　这座宝塔呈歪斜欲倒状，站在塔脚下观看，令人有胆战心惊之感。虽然斜塔经过了长年累月的风雨侵袭，砖面已经被腐蚀出斑凹痕，但是宝塔仍然纹丝不动，巍然屹立在鳌头峰上，堪称一大奇观；它坐落在左江的激流漩涡中间，更属奇观。如果同学们想要感受宝塔强烈的倾斜感，只需登上塔中的台阶顺势向上走就可以了。原来，宝塔之所以倾斜是工匠在建造时考虑到江心风力和地基等因素而精心设计而成的，这不得不让我们惊叹我国古代人民建筑技术的高明之处高度智慧和艺术创造力。

1　课文中伽利略所做的实验是我们上高中物理时要学习到的自由落体运动，它的原理是任何物体在相同高度做自由落体运动时，下落时间相同。我们可以自己寻找一些材料，来验证这个物理道理：例如，准备两块重量不一的石头，从高处往下丢，看看它们是否同时落地。

2　除了斜塔外，世界上还有很多著名的塔，而且它们的建造都很有渊源，你能试着讲讲跟它们有关的故事吗？

凡尔赛宫 Versailles Palace

人类艺术宝库中的璀璨明珠

　　凡尔赛宫位于法国巴黎西南郊外伊夫林省省会凡尔赛镇，它作为法兰西宫廷已经有长达107年（1682—1789）的历史。它是巴黎著名的宫殿之一，也是世界五大宫之一（中国故宫、法国凡尔赛宫、英国白金汉宫、美国白宫、俄罗斯克里姆林宫）。1979年被列入《世界文化遗产名录》。

　　王宫长达580米，整体由法式花园、宏伟庄严的城堡和镜殿组成，宫殿和城堡的内部巴洛克式陈设和装潢在世界艺术史上占有重要的地位。宫殿中共有500多间大小殿厅，墙壁由五彩的大理石装饰而成。里面有很多排列得如同瀑布一样的巨型水晶，内壁和宫殿圆顶上布满了西式油画。王宫里的著名景点主要有大理石庭院、海格立斯厅、丰收厅、维纳斯厅、狄安娜厅、玛尔斯厅、墨丘利厅、阿波罗厅、战争厅、镜厅、国王套房和王后套房等等。走入凡尔赛宫，仿佛看到了昔日王宫贵族的辉煌生活。

课 文 链 接

凡尔赛宫如同北京的故宫一样，是古代君王生活的地方。苏教版七年级下册的课文《凡尔赛宫》是专门介绍凡尔赛宫的一篇课文，对于它的富丽堂皇，文中做了较为详细的介绍：

凡尔赛宫宏伟、壮观，它的内部陈设和装潢富于艺术魅力。五百多间大殿小厅处处金碧辉煌，豪华非凡。内部装饰，以雕刻、巨幅油画及挂毯为主，配有十七十八世纪造型超绝、工艺精湛的家具。宫内还陈放着来自世界各地的珍贵艺术品，其中有远涉重洋的中国古代瓷器。由皇家大画家、装潢家勒勃兰和大建筑师孟沙尔合作建造的镜廊是凡尔赛宫内的一大名胜。它全长七十二米，宽十米，高十三米，联结两个大厅。长廊的一面是十七扇朝花园开的巨大的拱形窗门，另一面镶嵌着与拱形窗对称的十七面镜子，这些镜子由四百多块镜片组成。镜廊拱形天花板上是勒勃兰的巨幅油画，挥洒淋漓，气势横溢，展现出一幅幅风起云涌的历史画面。漫步在镜廊内，碧澄的天空、静谧的园景映照在镜墙上，满目苍翠，仿佛置身在芳草如茵、佳木葱茏的园林中。

游学拾贝

① 懂得从什么角度欣赏一座建筑更能发现美。

在欣赏一座建筑时，不仅欣赏其表面上的美丽，更要将其历史渊源以及细节装饰都欣赏到位，才会体验到审美的愉悦。

② 学会用艺术语言来形容一座雄伟建筑。

学会用感叹、赞美的语句来形容一座建筑物，使别人在你的介绍下，有身临其境的感觉。

关于凡尔赛宫还有一个未解之谜，这件事被记录在一本叫《一次探险》的书中：

作品主人公的真名是安妮·莫伯利和埃莉诺·卓丹，她们在1901年8月慕名游历了凡尔赛宫。不可思议的是，她们在宫殿里经历了很多奇遇：安妮看到了一位妇女向窗外抖动一块白布，可是与她同行的埃莉诺却没有看到，甚至连出现过那位妇女的带有窗户的建筑物都没有看到；她们还在一条路上看见两名男子，他们正在使用一辆手推车和铲子干活，不过他们的服装甚为奇怪：身穿长长的灰绿色外套，头戴三角帽；她们在经过一个亭子的时候，发现有一个相貌奇怪的男人正在那里休息，这让她们感到很恐惧；后来她们听到后面有脚步声，可转头一看，后面并没有人走过来；还有，安妮看到另一个人在她们附近，而刚开始这里并没有这个人，这个人看起来很高雅，他笑着为她们指路，可没想到她们一转头，男人已经不见了。

边读边游

在她们继续往前走时，也经历了诸如此类的一连串事情。后来，人们对她们记述的经历进行了很多研究，可是也无法解释在凡尔赛宫发生的这一切。也许，她们经历的是一次真正的时空差错，使得她们能看见和听到过去一个世纪前的事件。

谜一样的凡尔赛宫，有哪些值得看的部分呢？让我们来共同游览一下。

阿波罗厅

凡尔赛宫中的阿波罗厅又叫太阳神厅，是法国国王的御座厅。里面的布置非常奢华绮丽，天花板上有镀金雕花的浅浮雕，墙壁上面是深红色金银丝镶边天鹅绒，铺有深红色波斯地毯的高台之上的中央是纯银铸造的御座，高2.6米。凡尔赛宫内主要的大厅均以环绕太阳的行星命名，这是因为路易十四自诩为"太阳王"。这个大厅与二楼各大厅的位置相对应，一楼北侧是法国公主居住的套房。

国王套房

国王套房位于凡尔赛宫主楼的东面，路易十三的旧狩猎行宫里面。中央为国王卧室，里面有金红织锦大床和绣花天篷，被镀金护栏围着，天花板上是一幅叫作《法兰西守护国王安睡》的巨大浮雕。这里是法国国王举行起床礼、早朝觐、晚朝觐和问安仪式的地方。寝宫的北边是小会议室，南边是牛眼厅，这个名字的由来是源于通往国王寝室的大门上方牛眼形状的天窗。牛眼厅是亲王贵族和大臣候见的场所。它的东面是候见室和卫兵室。

凡尔赛宫示意图

十字大运河

大特里亚农宫

小特里亚农宫

皇后农庄

爱的神殿

阿波罗喷泉

冬泉

春泉

秋泉

拉托娜喷泉

夏泉

泳池

橘园

水花坛

北翼楼

大理石庭院

南翼楼

龙泉

皇家庭院

海神喷泉

同类推荐

位于我国北京的故宫，旧称紫禁城，它是明、清两代的皇宫，也是当今世界上现存规模最大、建筑最雄伟、保存最完整的皇家建筑群，堪称国宝级文物。

紫禁城南北长961米，东西宽753米，这里有房屋980座，共计8704间。紫禁城的宫殿分"外朝"和"内廷"两部分。外朝由天安门—端门—午门—太和殿—中和殿—保和殿组成的中轴线和中轴线两旁的殿阁廊庑组成。在所有的宫殿中，太和殿是最高大、辉煌的，皇帝登基、大婚、册封、命将、出征等都在此举行盛大仪式。内廷中最著名的当属养心殿。同学们来此可以到故宫宫殿中设立的综合性的历史艺术馆、绘画馆以及分类的陶瓷馆、青铜器馆、明清工艺美术馆、铭刻馆、玩具馆、文房四宝馆、玩物馆、珍宝馆、钟表馆和清代宫廷典章文物展览馆等地参观，这些地方的展品囊括了大量古代艺术珍品，其中很多文物是绝无仅有的无价之宝。

游学思辨

1　下面是一座只描了部分颜色的宫殿，请根据自己对宫殿的印象，将空白的部分填色，使其变成一幅美丽的图画。

2　说说在中国历史上，各个朝代的皇帝所住的宫殿是现在的哪些古迹。

罗马斗技场 Rome Arena

世界新七大奇迹之一

  罗马斗技场原名弗莱文圆形剧场，是世界上最著名的建筑物之一，被誉为"世界新七大奇迹"之一。意大利罗马斗技场是古罗马帝国专供奴隶主、贵族和自由民观看斗兽或奴隶角斗的地方。

  罗马斗技场建于公元72年，是用巨石和大理石建成的。遗址位于意大利首都罗马市中心，它在威尼斯广场的南面，古罗马市场附近。它的占地面积约两万平方米，长轴长约为188米，短轴长约为156米，圆周长约527米，围墙高约57米，这座庞大的建筑可以容纳近九万观众。墙是用砖块砌成的，用混凝土和金属加固。在斗技场的下面有坑道和地窖，那是演出前关押囚犯、奴隶和动物的地方。参观斗技场，曾经在这里竞技的激烈场面仿佛立现眼前。

课 文 链 接

很多人都知道西班牙斗牛士，但殊不知，在古代的罗马，斗牛历来都是贵族们的一项消遣享乐的游戏。苏教版七年级下册《古罗马斗技场》、沪教版高中第六册《古罗马的大斗技场》中收录的是我国著名诗人艾青的长诗，里面描述了斗牛的热烈场面。其中对罗马斗技场进行了描述，课文中写道：

　　古罗马的大斗技场
　　也就是这个模样，
　　大家都可以想象
　　那一幅壮烈的风光。
　　古罗马是有名的"七山之城"
　　在帕拉丁山的东面
　　在锡利山的北面
　　在埃斯搃林山的南面
　　那一片盆地的中间
　　有一座——可能是
　　全世界最大的斗技场，
　　它像圆形的古城堡
　　远远看去是四层的楼房，
　　每层都有几十个高大的门窗
　　里面的圆周是石砌的看台
　　可以容纳十多万人来观赏。
　　想当年举行斗技的日子
　　也许是一个喜庆的日子，
　　这儿比赶庙会还要热闹
　　古罗马的人穿上节日的盛装
　　从四面八方都朝向这儿
　　真是人山人海——全城欢腾
　　好像庆祝在亚洲和非洲打了胜仗

为什么古罗马人要建立这么大的角斗场？原来，这是古罗马贵族的一种娱乐方式。对于他们来说，格斗越残酷，他们就会越激动。一般来说，打斗者都会带有戟或短剑，大部分斗士都是奴隶和犯人。不过，也有的人是为了赚钱自愿前来格斗的，他们都是经过专门训练的。格斗分多种，最有名的一种是两个角斗士，一个拿着三叉戟和网，另一个拿着刀和盾。带网的角斗士要用网缠住对手再用三叉戟把对方杀死；另一个角斗士戴着头盔，手里拿着短剑和盾牌，激烈地与对手角逐。比赛分出胜负后，失败的一方要请求看台上的人大发慈悲，自己的命运由台上的观众来决定，假如他们挥舞着手巾，他就能被免死；假如这些人手掌向下，那就意味着要他死。

这样残酷的娱乐方式，承载它的建筑也是非同凡响的。

边读边游

解密斗技场

古罗马斗技场可以说是罗马乃至整个意大利的象征。罗马斗技场呈椭圆形，看台是用三层混凝土制的筒形拱起，每层有80个拱，形成三圈不同高度的环形券廊，最上层是50米高的实墙。看台逐层呈阶梯式坡度。角斗台周围的看台分为3个区。底层的第一区是皇帝和贵族的座席，第二层为罗马高阶层市民席，第三层则为一般平民席，再往上就是大阳台，当时那些一般观众可以站在这里观看表演。

斗技场的围墙共分四层，前三层都有柱式装饰，依次为多立克式、爱奥尼式、科林斯式，也就是在古代雅典看到的三种柱式。第四层的房檐下面排列着240个中空的突出部分，它们是用来安插木棍以支撑露天剧场的遮阳帆布。当时，皇家舰队的水兵们会把它撑起来以帮助观众避暑、避雨和防寒。

万神殿

在罗马和斗技场同样有名的就是万神殿，它被米开朗琪罗赞叹为"天使的设计"，是至今完整保存的唯一一座罗马帝国时期建筑。它始建于公元前27—前25年，是由罗马帝国首任皇帝屋大维的女婿阿格里帕建造，用来供奉奥林匹斯山上的诸神。

现存的万神殿主体建筑是哈德良皇帝于公元120—124年所建的43.4米高的圆形堂，门廊是一个长方形的柱廊，有12.5米高的花岗岩石柱16根，门廊顶上刻有初建时期的纪念性文字。万神殿的底平面直径与高度同为43.4米，其下半部是空心圆柱形，上半部是半球形的穹顶。

万神殿内部有七座壁龛，分别供奉着战神和朱利奥·凯撒神明和英雄，除了壁龛外，殿里面还有很多神明和英雄的雕像。万神殿内侧面的小堂，是拉斐尔、意大利国王维克托·伊曼纽尔二世、翁贝尔托一世和他的妻子玛尔盖丽妲王后等重要人物的墓地。古罗马的历史文化据此一览无余。

庞贝古城

在距离罗马约240千米的那不勒斯附近，同样有一座历史悠久且颇负盛名的古城——庞贝古城。它始建于公元前6世纪，

公元79年由于维苏威火山爆发使其被火山灰掩埋。从1748年起考古发掘持续至今，一些保存完好的建筑得以重见天日。

如今的古城遗迹向游客们开放三分之一。走在城中，同学们可以看到用白色、青色巨石铺筑的大街小巷已达几十条，仿佛中国古代的长安城。在许多街口和交叉巷口，还能看到刻有浮雕的大石槽，石槽上的浮雕有的是神面，有的是兽头或鱼嘴。同学们还可以在这里看到阿波罗神殿、Giove 神殿、中央广场等，还能参观到许多如澡堂、洗衣店、剧场等建筑物。畅游这里，同学们可以了解到庞贝古城昔日的建筑特色以及历史渊源。

这里还建有一座博物馆，里面陈列着挖掘出来的各式青铜、大理石雕刻和当时市民使用的家庭用品、货币。还有许多石膏人像及动物像，是将石膏灌入火山灰烬及熔岩的空间中，待凝固后取出而成的。这些雕像让人仿佛亲眼看到了两千年前庞贝古城中发生的惨剧。

罗马市区示意图

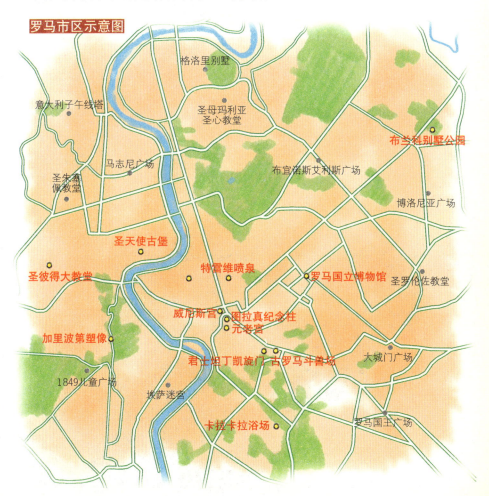

同类推荐

　　秦始皇兵马俑位于我国陕西省西安市临潼区，距市区约35千米，是秦始皇嬴政陵墓的一部分，是被考古学家于1974年开始在陕西骊山脚下秦始皇帝陵园外的地下建筑中挖掘出土的。人们在这里共发现四个俑坑，总面积25380平方米。它是当代最重要的考古发现之一，被誉为"世界八大奇迹之一"。

　　人们将挖掘的兵马俑分为四个坑，在兵马俑一号坑址上建成了拱形展厅，设立了"秦始皇陵兵马俑博物馆"，向中外广大旅游者开放。

　　兵马俑共计8000多件，排列成阵，气势壮观。俑分将军俑、铠甲俑、跪射俑、骑兵俑、武士俑、车兵俑（驭手、兵士）、弓弩俑、马俑等。坑内还出土有数万件实战兵器。这批兵马俑形象地展现了秦代军队的兵种、编制和武器装备情况，馆内还展出秦始皇大型彩绘铜车马。通过参观兵马俑，同学们不仅可以了解到秦代兵法以及布阵的方略，而且能领略到我国古代劳动人民的精湛雕刻技艺。

1 在你心目中，斗牛士的服装应该是什么颜色的？所选择的牛又是什么品种的？根据你的理解，为这幅图涂色，然后参照实际图片进行对比。

2 据你所知，我国以动物角逐比赛为娱乐方式的项目有哪些？你能说说它们的规则吗？

剑桥 Cambridge

自然科学的摇篮

　　剑桥是音译与意译合成的地名。英文Cam—bridge，就是"剑河之桥"的意思。这里确有一条剑河，在市内兜了一个弧形大圈向东北流去。河上修建了许多桥梁，所以把这个城市命名为剑桥。

　　剑桥是英国剑桥郡首府，一座9.2万人口的城市，著名的剑桥大学所在地。剑桥最初只是个乡间集镇，直到剑桥大学成立后，这个城镇的名字才渐为人所知，今天它是座令人神往的大学城。

　　想要参观剑桥的美景，最好的方式莫过于乘坐小艇沿剑河漂流，这种独有的旅行方式被当地人叫做"撑篙"，同学们可以到米尔码头租赁小艇或组团出行。

课文链接

众所周知，剑桥大学是一所世界一流的高等学府，是莘莘学子梦想的摇篮。苏教版七年级下册、人教版高中必修1、鲁教版必修1和沪教版高中第一册都收录了《再别康桥》这首诗，沪教版高中第一册《邂逅霍金》中也提到了剑桥。《再别康桥》这首诗的内容如下：

轻轻的我走了，正如我轻轻的来；我轻轻的招手，作别西天的云彩。那河畔的金柳，是夕阳中的新娘；波光里的艳影，在我的心头荡漾。软泥上的青荇，油油的在水底招摇；在康河的柔波里，我甘心做一条水草。那榆阴下的一潭，不是清泉，是天上虹；揉碎在浮藻间，沉淀着彩虹似的梦。寻梦？撑一支长篙，向青草更青处漫溯；满载一船星辉，在星辉斑斓里放歌。但我不能放歌，悄悄是别离的笙箫；夏虫也为我沉默，沉默是今晚的康桥！悄悄的我走了，正如我悄悄的来；我挥一挥衣袖，不带走一片云彩。

游学拾贝

1 树立崇高的理想并为之努力。

通过对一所世界一流高等学府的了解，树立自己未来的美好理想，并为之努力学习、奋斗。

2 用真挚的语言抒发自己对母校的情感。

联想自己现在就读的学校和在这里生活的点点滴滴，思考一下母校带给自己的最大影响是什么。

　　据史书上记载，原本剑桥是英国人的祖先去往韦塞尔克斯狩猎的重要渡口。在公元初的时候，罗马人开始侵略不列颠，于是在康河两岸安住了下来，并在这里筑路架桥，这里渐渐地被开发为小镇。直到11世纪中叶，不列颠被诺曼底人征服，剑桥也开始渐渐兴盛了起来。没过多久，欧洲的传教士也陆续地来到这里兴建教堂；1284年，彼得学院成立，这是剑桥第一所学院。到今天为止，剑桥已经有35所学院了。

边读
边游

美丽的大学城

　　剑桥是一座令人神往的传统大学城，到这里游玩，最好的季节莫过于暮春时节。此时来到这座小城，只见路旁满是一排排翠绿的大树和一树树白色、淡紫色的樱花。在每个学院门前的草地上，有紫红的、粉红的玫瑰，鹅黄色的旱水仙。

　　满城的绿色最令人流连忘返。这座小城除了街道外，几乎全被青翠的草地铺满了。高大的校舍、教堂的尖顶和一所所爬满青藤的红砖住宅就点缀在这绿色里。在剑河边上，有一棵棵杨柳树以及一些茂密的树林，让剑桥仿佛在一片绿色的海洋中。

剑桥大学

剑桥大学成立于1209年，最早是由一批为躲避殴斗而从牛津大学逃离出来的学者建立的。剑桥大学并没有一个指定的校园，也没有围墙和校牌，绝大多数的学院、研究所、图书馆和实验室都建在剑桥

镇的剑河两岸，以及镇内的不同地点。

剑桥大学的很多地方保留着中世纪以来的风貌，随处可见不断按照原样精心维修的古城建筑，在校舍的门廊、墙壁上仍然装饰着古朴庄严的塑像和印章，高大的染色玻璃窗在阳光下显出美丽的画面。畅游在校园中，同学们可以体会到这所著名高等学府深厚的文化底蕴。

同类推荐

我国北京的清华大学是世界上最美丽的大学之一，位于清代的皇家园林清华园。清华园在清朝康熙年间被称为熙春园。雍正、乾隆、咸丰都曾经在这里居住过，咸丰年间熙春园被改名为清华园。

作为一座世界级高等学府，清华大学吸引了很多游客前来参观这里的人文气息。校园按照南门主路分为东区、西区。西区校园为老校区，以美式的校园布局和众多西洋风格的砖石结构历史建筑为特色，如大礼堂、图书馆、科学馆、清华学堂、同方部、西体育馆及理学院等，还有原王府庭园工字厅、古月堂、水木清华等古建筑，还有一个荷花池——近春园遗址则展示了中国传统的园林风格；东区则以苏式主楼为主体，还有建筑馆、明理楼、经管学院、逸夫科技馆等现代风格的建筑物。如今的清华大学，已经作为旅游景点对外开放，只要出示身份证，就能进去饱览我国著名高等学府的风貌；如若租上一辆自行车绕着如诗画般的校园小游一下，更是别有一番风情。

1 用筷子制成的单孔桥

我国从古代开始就制作桥梁，其承载量很大，行人、马车等都能往来不绝。后人经过剖析，发现其桥梁呈元结构，根据图片提示，试着用若干根木筷或者等大的木棒来搭建，然后试试它的承重量究竟有多大。

图一

图二　多个元结构组建在一起　　　图三　实验元结构的承重量

2 除了剑桥大学和清华大学外，你还知道国内外的哪些高等学府？你对它们有哪些了解？你成长后的理想是什么？

硅谷 Silicon Valley

美国高科技事业云集之地

　　硅谷地处美国加州北部旧金山湾以南，早期以硅芯片的设计与制造而得名。硅谷起先仅包含圣塔克拉拉山谷，主要在圣塔克拉拉县和圣何塞市境内，后来经过扩展后，也包括周边如圣马特奥县、阿拉米达县的一部分。

　　"硅谷"中的"硅"字是源于当地的企业多数是与由高纯度的硅制造的半导体及电脑相关，"谷"字则是来源于圣塔克拉拉谷。

　　硅谷的特点是以附近一些具有雄厚科研力量的美国一流大学（如斯坦福、伯克利和加州理工等）大学为依托，以高技术的中小公司群为基础，并拥有惠普、英特尔、苹果、思科、英伟达、朗讯等大公司，融科学、技术、生产为一体。

课文链接

  硅谷是美国高科技公司云集的地方。人教版高中必修3的课文《一名物理学家的教育历程》中提到了位于硅谷的斯坦福大学，侧面讲述了它在科研方面的雄厚实力，课文中如此描写道：

  后来，在高中阶段，我看完了许多地方图书馆中这方面的书，并且常常造访斯坦福大学的物理学图书馆。在那里，我发现爱因斯坦的工作使一种称为反物质的新型物质成为可能。这种物质的作用形式与普通物质一样，但与普通物质接触之后它们将会湮没，并且猛然释放出能量。我也知道科学家已经建造了一些大型仪器，或者说是"原子对撞机"，这种仪器可以在实验室里产生微量的这种奇异物质，即反物质。

游学拾贝

① 领悟一个人成功的关键原因。

  一个人成功不仅与天分和得天独厚的条件有关，最重要的是勤奋努力和对理想的执着追求。了解硅谷那些成功人士的故事，思考应该向他们学习些什么。

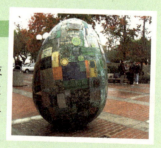

② 体会现代高科技对于我们生活的巨大意义。

  计算机技术是现代科技发展的关键因素所在，高科技造就了我们现代化的生活。因此，学好科技文化知识是将来适应社会生活的关键。了解硅谷在高科技方面给人类生活带来的巨大影响，认识高科技是如何在日常生活中发挥作用的。

虽然如今硅谷的电子技术已经得到了飞速的发展，但是在一开始，硅谷并没有民用高科技企业，虽然这里有很多好的大学，但是在这里学习的大学生们大多毕业后都不会选择在这里就业。可斯坦福大学里却出现了一位另类：一个才华横溢的教授弗雷德·特曼。他认为这里有很大的发展空间，于是他就在学校里选择了一块很大的空地用于不动产的发展，还自己制订了一

些方案，鼓励学生们在这里发展他们的"创业投资"事业。其中，他有两个学生在一间车库里凭着538美元建立了惠普公司。现在，这间车库已经成为硅谷发展的一个见证，被加州政府公布为硅谷发源地，并成为当地的一个重要景点，吸引着无数的游客来这里参观。

边读
边游

斯坦福大学

与硅谷唇齿相依的斯坦福大学位于加利福尼亚州的帕罗奥图，与旧金山相邻，是美国面积第二大的大学，有"西部哈佛"的美誉。斯坦福大学的楼房都是黄砖红瓦，全都是17世纪西班牙的传道堂式建筑，在古典与现代中映衬出浓浓的文化和学术气息。

斯坦福大学的主要景点包括主方院、胡佛纪念塔、斯坦福纪念教堂、罗丹雕塑花园、罗丹艺术馆、巴布亚新几内亚雕塑花园、斯坦福大学树园、格林图书馆和圆碟山。此外，弗兰克·劳埃德·莱特1937年的作品哈纳蜂窝屋以及1919年建造的罗·亨利和赫伯特·胡佛屋已经被列入国家史迹名录内。浓郁的文化氛围吸引着一批又一批的人前来游览。

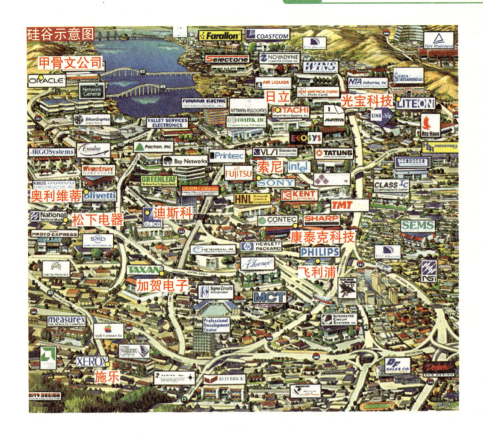

硅谷示意图
甲骨文公司
日立
光宝科技
奥利维蒂
松下电器
迪斯科
康泰克科技
加贺电子
飞利浦
施乐

旧金山唐人街

　　旧金山唐人街是全世界最有特色的唐人街。当同学们从都板街的"天下为公"牌楼进入唐人街，就仿佛置身于中国一样。

　　旧金山唐人街有浓郁的中国特色，一直保持着传统的中华文化，这里有众多的礼品店、古董店、参茸店、土特产店等。格兰特街是社区内主要的街道，这里密布着的商店、餐馆等对于游客有着很大的吸引力。唐人街最好玩的街区是韦弗利广场，罗斯巷则是深藏在街区中狭窄弄巷的典型；此外，太平洋遗产博物馆也是值得一看的。同学们可以了解到华人在海外丰富多彩的生活。

同类推荐

中关村位于北京市海淀区,是中国第一个国家级高新技术产业开发区,被誉为"中国的硅谷"。

中关村是我国科研智力以及人才密集区域,附近有北京大学、清华大学等一流高等学府、中国科学院、中国工程院所属院等多家科研所,以及百度、新浪、腾讯、搜狐、联想、方正、新东方、IBM中国、小米、美团点评、滴滴快的等著名企业,附近还有著名皇家园林颐和园、圆明园。同学们可以去那里细细探访,感受尖端科技以及科学知识的浓厚氛围。

1 在你眼里，计算机除了能查资料和聊天外，还有什么神奇的功能呢？请举例说一说。

2 你知道中国有哪些高校设立的计算机专业是国内顶级的吗？说一说，并讲讲你现在青睐的大学是哪几所。

奥斯维辛 **Auschwitz**

法西斯罪恶的历史见证

　　奥斯维辛位于波兰南部克拉科夫的城郊，在第二次世界大战期间，由于德国在这里建立了最大的集中营，该小镇也因此闻名于世。

　　1947年，波兰国会立法把集中营改为纪念纳粹大屠杀的国家博物馆，以此作为第二次世界大战中纳粹德国统治期间的历史罪证的见证。1979年，联合国教科文组织将奥斯维辛集中营列入《世界文化遗产》。这里包括3个集中营：奥斯威辛主营、比尔克瑙营、莫诺维茨营。莫诺维茨营又包括40个小集中营，分布在波兰南部整个西里西亚地区。这里曾经设置的哨所看台、绞刑架、毒气杀人浴室和焚尸炉等依然保留着。

课 文 链 接

　　历史上的战争给生活在那个时代的人带来了严重的灾难，也给现代的人带来了沉重的思考。人教版高中必修1和语文版高中第一册中都收录有《奥斯维辛没有什么新闻》这篇课文，里面写了参观者在奥斯维辛参观时候的沉重心情，课文中是这样写的：

　　今天，在奥斯维辛，并没有可供报道的新闻。记者只有一种非写不可的使命感，这种使命感来源于一种不安的心情：在访问这里之后，如果不说些什么或写些什么就离开，那就对不起在这里遇难的人们。

　　现在，布热金卡和奥斯维辛都是很安静的地方，人们再也听不到受难者的喊叫了。参观者默默地迈着步子，先是很快地望上一眼；接着，当他们在想象中把人同牢房、毒气室、地下室和鞭刑柱联系起来的时候，他们的步履不由得慢了下来。导游也无须多说，他们只消用手指一指就够了。

游学拾贝

① 感悟对战争罪恶的深刻认识，珍惜眼前的和平生活。

　　从课文以及景点的介绍了解战争时期人们的苦难生活，领悟在和平年代应该更加热爱生活。

② 用间接侧面的方式表达自己的情感。

　　这篇新闻稿并没有直接抒发作者对法西斯的痛恨，但是从旁观者的情绪中透露出作者对于法西斯的痛恨和对遇难者的同情，这样的表现方式给读者立体的视觉形象和强烈的情感震撼，学习这种表达方式并运用于写作中。

奥斯维辛没有什么新闻
（美）罗森塔尔

奥斯维辛集中营是纳粹德国党卫军全国领袖海因里希·希姆莱1940年4月27日下令建造的。他于1900年10月7日出生于德国慕尼黑的一个教师家庭。1918年参军，1925年加入纳粹党，还参加过啤酒馆政变。1927年接任纳粹党冲锋队全国领袖。1934年后成为德国秘密警察组织盖世太保的首脑，逐步将冲锋队发展成为控制整个纳粹帝国的庞大组织——党卫军。他属下的集中营屠杀了约600万犹太人。"二战"之后，他在化装逃亡的途中被俘虏后自尽。德国《明镜》周刊评价他是"有史以来最大的刽子手"。

透过那段黑暗而残酷的历史，我们去探访一次集中营。

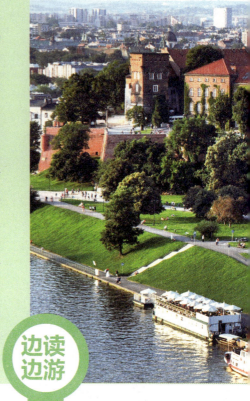

边读
边游

比尔克瑙集中营

由于犯人剧增，纳粹又以奥斯维辛为中心修建了许多集中营，其中最大的就是比尔克瑙集中营，人们又称其为"集中营二号"，这里是1940年修建的，占地面积1.75平方千米，营中关押犯人最多的时候有十万人。当这里的大型毒气室和焚尸炉修建好后，便成为纳粹最大的杀人工厂。纳粹在这

片开阔地上修建了300座木排房，现在，同学们仅能看到的是保留下来的45个砖房和22个木排房。通过这些建筑可想而知，当时法西斯在这里犯下了何等的滔天罪行。

瓦维尔城堡

　　与奥斯维辛同在克拉科夫的瓦维尔城堡是一座哥特式建筑，修建于卡齐米日三世时期，是波兰最古老的宫殿，从10世纪起就作为国王的宅邸，曾长期是波兰王室的住所，是波兰的国家象征之一。

　　瓦维尔城堡自1930年以后就已经被辟为博物馆，现已成为波兰顶级的艺术博物馆之一。城堡内部包括多个独立的景点，有国事厅、皇家私人住所、皇家珍宝和军械馆、东方艺术、失落的瓦维尔等，此外，博物馆的东方艺术和奥斯曼艺术品的藏品规模在波兰也属首屈一指。同学们可以在这里了解到波兰皇宫的建筑风格。

维利奇卡盐矿

在克拉科夫附近还有一个著名的古迹——维利奇卡盐矿，它从13世纪起就被开采，是欧洲最古老的盐矿之一。1976年被列为波兰国家级古迹，1978年被联合国定为世界文化遗产之一。

维利奇卡盐矿是一直为波兰皇室提供食盐的地方。早在几百年前，维利奇卡盐矿就已成了著名的旅游景点。盐矿有327米深，超过300千米长，地下共分九层，其中有长达100多千米的隧道。盐矿中有房间、礼拜堂、雕像和地下湖泊等，宛如一座地下城市。

维利奇卡盐矿中共有40个教堂，其中最壮观的，要数地下101.4米处的圣金加公主礼拜堂。它始建于1896年，是矿工雕刻师用70多年的时间建成的。教堂高达10米，长54米，最宽的地方有18米。教堂的地板上满是精美的花纹，天花板上也有精美吊灯。教堂里面有祭坛和许多神像，其中有一尊圣母像有五六尺高。墙壁上刻有浮雕，内容大多是圣经故事，其中一幅浮雕是仿达·芬奇的名画《最后的晚餐》。

同类推荐

　　我国重庆的渣滓洞集中营在重庆市歌乐山麓，距白公馆2.5千米，原是重庆郊外的是一座小煤窑，后来国民党在这里设立了监狱。

　　该集中营高墙外的制高点有岗亭六座，机枪阵地一处，分内外两院，外院为特务办公室、刑讯室等，内院有一处放风坝。渣滓洞集中营有16间男牢、两间女牢。此外，集中营里还有审讯台、铁锁链、老虎凳等遗留下来。在游览渣滓洞的同时，我们还可以顺便到附近的烈士墓和白公馆转转，不过这三个地方的距离较远，而且大多为崎岖的爬坡山路，同学们可以乘坐专线客车前往。

1　观看一部反法西斯题材的电影，如《金陵十三钗》《红樱桃》《南京！南京！》等，了解一下法西斯在战争中所犯下的罪恶行径，谈谈自己的切身感受。

2　通过在历史课和语文课上的一些学习，你对第一次世界大战、第二次世界大战有多少了解？说一说它们的起因、参战国等。

珍珠港 Niagara Falls

美国海军的造船基地

　　珍珠港是美国海军的基地和造船基地，位于美国夏威夷州檀香山市的西南，它也是北太平洋岛屿中最大最好的安全停泊港口之一。

　　珍珠港的面积为32平方千米，平均水深约14米，最多可以停500艘舰船，珍珠港中有一个岛屿，上面设有福特岛海军航空站。珍珠港还有一座呈八角形的乳白色水塔，高达55．8米，塔的顶部有一盏红灯，是显著的进港导航标志，在港口的入口角东侧的岸上还设有一座金鹰信号塔也可以助航。

　　由于在第二次世界大战中，日本海军偷袭了珍珠港，导致了太平洋战争的爆发，使得与著名历史事件有关联的珍珠港闻名于世。

课 文 链 接

珍珠港位于美国的夏威夷群岛上，20世纪40年代，日本在这里偷袭了美国的军队。河大版八年级上册和冀教版八年级上册都收录了《感悟珍珠港》一文，作者将珍珠港事件做了历史回放，文中写道：

阴谋和罪恶就在明媚的阳光下，在有恃无恐的骄傲与轻敌中，在华盛顿的赫尔接见日本使者的时刻，猝不及防地发生了。美丽的瓦胡岛在瞬间陷入火海，而后迅速沉入黑暗；美军停泊在港湾内的舰队以及大大咧咧"摆在地上"的那些毫无遮掩的战机，在一个小时内被日军准确的投弹炸得落花流水，日军飞机随即击毁美军八艘战列舰、九艘巡洋舰和若干驱逐舰，珍珠港美军基地几乎坐以待毙。美军地对空高射炮在五分钟之后才开始还击，引信不良的炮弹落在檀香山市区，瓦胡岛一片混乱。当晚，罗斯福总统在华盛顿城直到深夜十二点半才勉强用过晚饭，他仍然不相信，如此强大的美军基地，怎么竟然会如此不堪一击。

游学拾贝

① 领悟战争带给人类的巨大损失。

参观珍珠港一些由战舰建成的纪念馆，感悟战争带给人们的不仅是人员上的伤亡，也有对他国财力以及重要建筑等的破坏。查阅资料，了解一下珍珠港战争给历史带来了什么样的影响。

② 通过珍珠港事件，激发自己对战争的反思。

反思战争与和平会将世界塑造成两种不同的局面，树立正确的人生观及价值观，对社会和人生进行更深层次的思考。

在1941年日本偷袭美国的珍珠港后，为了唤起民众的信心，美国总统罗斯福决定不惜一切代价空袭日本东京，以向美国民众表明美军有战胜日军的能力。美国曾派出16架B-25轰炸机袭击日本的东京、横滨、名古屋和神户的油库、工厂和军事设施。后来，美国开发了B-29超级空中堡垒式轰炸机，增加了自己的实力，于是便对日本东京进行了一系列大的轰炸，历史上称为"东京大轰炸"，当时造成东京十万多人死亡。

今天，我们通过那些历史中留下的痕迹，再一次思考那场战争。

边读边游

亚利桑那号战舰纪念馆

在1941年的日军偷袭珍珠港事件中，美国太平洋舰队"亚利桑那"号战舰被击沉永远沉入海底。作为纪念，美国政府于1980年在"亚利桑那"号残骸基础上建起了珍珠港事件纪念馆。

该纪念馆建在海底填充物上，呈拱桥状，长约56米，通体为白色，横跨在亚利桑那号战舰水下舰体上方。纪念馆的一端是进口，连接着一个浮台，中间是仪式厅，另一端是圣室。在纪念馆白色大理石纪念墙上，1177名在战舰上献身的海军将士的名字被雕刻在这里。

如若同学们站在仪式厅的大窗口，还可以隐约地看见海底的亚利桑那号战舰的舰体。进入纪念馆的大门口，能够看见右侧墙壁旁边矗立着一个大型的船锚，原来，这是曾经在船上使用的，后来被打捞起供人们参观。在游客中心影片放映室，同学们还可以欣赏到长约20分钟的《偷袭珍珠港》历史纪录片，了解当年这件历史事件的全过程。

密苏里号战舰纪念馆

1945年9月2日，在密苏里号战舰的甲板上，麦克阿瑟将军接受了日本的无条件投降，也宣告了日本法西斯的灭亡。现在，这艘巨大的战舰作为真实生动的活博物馆，向世人诉说着历史上那些过往战事。

密苏里号战舰是美国史上最大也是最后一艘建造完成的战舰，整个舰身长270米，高度超过20层。舰上有九门406毫米巨炮，炮塔装甲超过50厘米。战舰上装有3座三联装主炮塔，炮塔全部结构可以分成六层，分别是炮塔战斗室、旋转盘、动力室、上供弹室、下供弹室、供药包室。可见，当时美国的军事实力是相当强大的。

鲍芬号潜水艇博物馆与公园

有"珍珠港复仇者"之称的鲍芬潜水艇战舰，曾经是"二战"期间美国海军服役的288艘攻击型潜艇之一，击沉过39艘日本货船和4艘日本军舰，击沉总吨位近7万吨，在"二战"美军所有潜艇中排名第17位。

美国鲍芬号潜水艇博物馆与公园就在亚利桑那号军舰纪念馆旁边，由"鲍芬号"、潜水艇博物馆，以及码头纪念馆三部分组成。博物馆中展出的基本是与潜水艇有关的器物及收藏的遗物。

同类推荐

　　我国山东省威海市的中日甲午战争博物馆是以北洋海军和甲午战争为主题的纪念遗址性博物馆，馆址设在刘公岛原北洋海军提督署内。

　　博物馆目前开放的景点有提督署、龙王庙、丁汝昌寓所、北洋海军将士纪念馆、水师学堂、东泓炮台、公所后炮台、旗顶山炮台，总面积达十多万平方米。馆内陈列展示的有国内最大的室内人物雕塑群，有国内最大幅的海战景观油画，有国内纪念馆、博物馆展示、收藏的唯一一组大型专题油画（北洋众英烈肖像），以及标志着和平、文化的大型石雕"和平碑"等。此外，馆中还藏有珍贵历史照片1000多幅，北洋海军与甲午战争文物资料200多件，打捞舰船文物300多件。我们可以在这里了解到甲午海战发生的全过程。

1　关于珍珠港事件，有多部影视作品问世，你知道的有哪几部呢？你能说出其故事的梗概吗？

2　在中国，最著名的海战就是中国和日本之间的甲午海战，学过历史课的同学们，能说说这场海战的前因及结果吗？你能列举出当时中国海军中涌现出的一些民族英雄吗？

檀香山 **Honolulu**

夏威夷的 "屏蔽之湾"

　　檀香山又叫火奴鲁鲁，是美国夏威夷的州首府所在地。在夏威夷语中，火奴鲁鲁的意思是 "屏蔽之湾" 或 "屏蔽之地"。

　　檀香山风景优美，气候宜人。这里拥有夏威夷最古老的植物园——福斯特植物园，它已经成为美国国家历史古迹之一；拥有夏威夷最大的博物馆——主教博物馆，这里保存了上百万件的自然历史标本，以及夏威夷和太平洋地区的文物，我们通过参观可以了解到更多大自然的神秘；建于夏威夷王国时代的依拉奥尼皇宫是美国唯一的皇宫，具有意大利文艺复兴时期的风格。

　　此外，这里还有威基基水族馆、檀香山动物园、夏威夷州立美术馆、威基基海滩等众多让同学们游玩的地方。

课 文 链 接

　　火奴鲁鲁是我国伟大的革命家孙中山先生成立兴中会的地方。高中语文第二册节选了孙中山先生《我的回忆》中的一段，里面讲述了他曾经在火奴鲁鲁生活的事情，课文中写道：

　　离开日本以后，我在火奴鲁鲁度过了六个月。在那里，我也有过类似的经历。那里的侨胞很多，他们都张开双臂欢迎我。他们知道我的所有事迹，也知道清政府正悬重赏购求那个臭名昭著的"孙汶"的首级。在火奴鲁鲁时，我每天访客盈门，并且收到我的朋友们、革新党党员及哥老会的信函和报告。随后我到了旧金山，并在美国各地进行一种凯旋式的旅行，间或听到消息说，驻华盛顿的中国公使正千方百计地要绑架我，将我解回中国。我深知，回国后将会有怎样的命运落到我的身上：首先他们将用老虎钳把我的踝骨夹紧，再用铁锤敲碎；接着是割掉我的眼皮；最后把我剁成碎块，使任何人都无法认出我的尸体。中国的旧刑律，对政治煽动者是从不心慈手软的。

游学拾贝

① 通过阅读了解当时的社会背景，领略火奴鲁鲁与中国的文化历史渊源。

　　因为早期本地盛产檀香木，而且大量运回中国，被华人称为檀香山。

② 加强对珍稀物种的保护意识。

　　夏威夷的很多物种是独有的，这是由于其特定的生长环境决定的。要保护和爱惜这些大自然中的珍稀物种，因为是它们丰富了我们的生活。

在火奴鲁鲁国际机场的中国花园的中央，有一座孙中山的石像，这是为了永远纪念这位举世闻名的伟人。

早在18世纪，华人就到这里开发资源，种植甘蔗、香蕉、菠萝和采伐檀香木。由于这里有檀香木，华人将其大量运往中国，所以这里又被华人称为檀香山。移居到这里的华人为火奴鲁鲁的开发和繁荣有很大的贡献。

在中国近代史上，火奴鲁鲁也是一个具有纪念意义的地方。1879年，我国伟大的中国革命先行者孙中山先生随母亲到火奴鲁鲁的约拉尼学校读书，还在当地的最高学府奥休学院深造。孙中山还在这里组织了中国最早的资产阶级民主革命团体兴中会，可以说，这里是孙中山先生的革命基地。

这个十分具有意义的地方，也有很多值得游览的好去处。

边读边游

福斯特植物园

福斯特植物园是坐落于火奴鲁鲁的三大植物园之一，占地约8公顷，是夏威夷最古老的植物园，也是美国的国家历史古迹之一。

福斯特植物园中有许多百年老树，植物的种类多达一万多种，尤其以热带植物居多，其中包括很多濒临灭绝的植物。植物园由兰花园、经济花园、蝴蝶园、奇异树等组成，其中经济花园中主要种植饮料植物、香草植物、药草植物等经济植物，奇异树区域内生活有24棵风格迥异的参天大树，游转一圈，我们可以掌握很多草本知识，可谓受益匪浅。

同学们在植物园中观赏漫步，只能在书本上见到的热带植物将会活生生地展现在大家

眼前，同学们还可以拥抱那些粗壮的、具有百年历史的苍天树木。此外，这里的树木花草和绿草成荫的草地，也是当地人拍摄婚纱照及举办婚礼宴会的首选。

波利尼西亚文化中心

距离檀香山约65千米的波利尼西亚文化中心，是一座规模很大的民族文化博物馆。它由杨百翰大学建于1963年，以此保存波利尼西亚人的历史和文化传统。

该文化中心占地面积为42公顷，由来自夏威夷、萨摩亚、塔希提、汤加、斐济、新西兰、马克萨斯等7个太平洋岛屿上的波利尼西亚人分别组成7个村庄，同学们可以通过村民的日常生活，了解他们原居住的7个岛屿的文化传统与风土人情。这些村庄的房子造型各异，有圆有方。村子之间有人工挖掘的小河相连，同学们们可以乘坐着独木舟，在各个村落之间穿梭，也可以乘电瓶车到杨伯翰大学分校、钓鱼

胜地忽基拉和雄伟壮观的摩门大教堂等处参观、游玩。

此外，每个村庄里都有自己的民族特色：比如在汤加村里，同学们可以观赏到婀娜多姿、秀发披肩的少女表演桑皮服装制作的全过程；在夏威夷村，可以找到这里的妇女亲自缝制的衣服和编结的织品；在萨摩亚村，可以观赏到一些健硕的小伙表演攀登椰树、采摘椰子的高超技艺，还有的人用自制的乐器演奏各岛上的传统乐曲等。

威基基水族馆

火奴鲁鲁威基基的东端是威基基水族馆，是美国历史上的第三家水族馆。

水族馆中有2000多条海洋生物，共有350种不同的种类。它引以自豪的有两项世界第一：一是在世界上第一个成功地人工繁殖了深海水贝类动物鹦鹉螺，二是人工繁殖海豚鱼的技术在世界上名列前茅。同学们在这里不仅可以尽情欣赏它们，还能了解到更多有关海洋生物的知识。

由于夏威夷群岛有着几千种在其他地方没有的动植物，这也吸引了很多人来这里观赏这些珍稀物种。在这里，同学们还可以看见夏威夷绿海龟和夏威夷和尚海豹等濒临绝种的生物。这里还有专门为小孩子设计的海水池，里面有海星、各种贝壳、小鱼、海参等。

同类推荐

涠洲岛位于广西壮族自治区北海市南方北部湾海域，是中国最大、地质年龄最年轻的火山岛，也是中国最美的十大海岛之一，现为国家4A级旅游景点。

涠洲岛上风景优美，尤以奇特的海蚀、海积地貌，火山熔岩及绚丽多姿的活珊瑚为最，素有南海"蓬莱岛"之称。

涠洲岛上居住着很多客家人，故民族风情异常浓厚。这里有很多著名的景点，如三婆庙、圣母庙、天主堂、猪仔岭、火山口地质公园、五彩滩等，比较著名的景观有"滴水丹屏""龟豕拱碧""芝麻滩""法国传教士人头像""火山弹荟萃"等，如果时间宽裕，最好都一一进行游览。此外，这里也是潜水的佳选之地。

1　除了檀香山以外，海外还有不少城市有革命前辈生活过或从事过革命活动，你能说出来几个？查找一下这些城市是否开辟有相关的纪念地。

2　中国也有很多濒临灭绝的珍奇物种，你知道有哪些吗？你能说说它们现在生活在我国的哪些地区吗？

都市篇

都市作为聚落发展的高级形式，不仅是社会经济发展到一定阶段的产物，更是人类文化发展的象征。这里喧闹、拥挤，但也繁华、美丽。世界上城市虽星罗棋布，却是万千姿态，各有不同。

威尼斯

贝尔格莱德

雅典

伦敦

纽约

圣彼得堡

巴黎

华沙

里约热内卢

哥本哈根

费城

佛罗伦萨

柏林

110-217

威尼斯 Venice

世界闻名的"水上城市"

　　威尼斯位于意大利的东北部，是世界闻名的水乡，也是意大利的历史文化名城。它主要由118个小岛组成，并以177条水道、401座桥梁连成一体，以舟相通，有"水上都市""百岛城""桥城""水城"之称。威尼斯是世界上唯一一个没有汽车的城市，有"因水而生，因水而美，因水而兴"的美誉。

　　威尼斯城内有众多古迹，如各式教堂、钟楼、男女修道院和宫殿等。在威尼斯城内有将城市分割成两部分的大水道，游人顺着水道就可以将威尼斯的大部分美景尽收眼底。威尼斯有很多著名的建筑，如凤凰歌剧院、圣马可广场和圣马可教堂、叹息桥、雷佐尼科宫、黄金宫等等。

课 文 链 接

　　威尼斯是一座很美的城市，有关它的整体风貌，苏教版八年级上册语文课文《蓝蓝的威尼斯》中做了详细的介绍，文中写道：

　　威尼斯是一个奇特的城市，这里不是"开门见山"，而是"开门见水"。听说，原先这里像太湖水乡，也有说类乎苏州城，其实，威尼斯是威尼斯，她有独特的瑰丽的形象。这里没有汽车，大小船挤在大运河里，穿梭般的来往不绝。我们登上汽船（等于城市公共汽车），观赏两岸风光，十四五世纪的哥特式建筑，文艺复兴时代的宫殿和贵族院落，鳞次栉比。泛舟在大运河上，就像在参观欧洲建筑艺术博览会。汽船穿过一座座桥梁，其中有一座全由大理石建成的"李亚度桥"，特别引人注目，这是1592年建成的独孔拱桥，雕刻精细，造型优美，桥上两侧开设商店，别具一格。汽船向前驶去，河道逐渐开阔，现代化的摩托艇、汽艇和古老的"公朵拉"并行。"公朵拉"是一种小游船，翘着头尾，由船夫摇橹，供游客饱览两岸风光。据说历史上盛时有一万多艘，现在只保留四百艘了。

游学拾贝

① 凭借美丽的景点，寻找摄影的最好素材，可以练习基本的构图取景。

② 文中介绍的威尼斯颇具镜头感，在旅行中应该学会记录这些美好的瞬间，同时可以提升对美的敏感度。

　　如有兴趣，可随时进行摄影技巧的练习，也为旅行增添更多的乐趣。

③ 领会旅行是增进友谊的最佳途径。

　　在旅行中，注意与他人的交往方式，建立友谊。

④ 课文的主旨是宣扬中国和威尼斯之间的友谊，通过旅行这种方式增进人与人之间的关系无异为最佳选择。

　　在旅行中，同学们最好多与周围的人沟通交流，互相帮助。这样不仅可以使友谊得以加固，更锻炼了自身的沟通能力，加强同理心，对人际关系的培养也十分有帮助。

　　课文中详细地介绍了关于威尼斯这座水城的方方面面。同学们可知道，威尼斯这个小城虽因水得名，但是也有自己的"水患"。原来，这里每年有200多天浸泡在水里。每年从11月到第二年的2月，威尼斯地区就会大范围地连续降水，使得威尼斯潟湖地区海水涨潮时发生倒灌，水会漫过威尼斯。因此，这里很多古老的建筑物的地下基础结构被腐蚀，渐渐地变得不牢固了，大批的古建筑因此下沉。科学家们发现了一个令人震惊的现象：从1727年以来，威尼斯的陆地竟然下沉了67厘米。

　　这个事实让游客们在欣赏水城美景的同时总不免有点担心，不知这些精美的建筑物能否永远保留下去？不过，还是赶快抓紧时间先把这些有特色的景物都欣赏一遍吧。

边读边游

圣马可广场

　　圣马可广场又叫威尼斯中心广场，曾被拿破仑誉为"欧洲最美丽的客厅"，这里一直是威尼斯政治、宗教和传统节日的公共活动中心。

　　圣马可广场是由公爵府、圣马可大教堂、圣马可钟楼、新行政官邸大楼、旧行政官邸大楼、连接两大楼的拿破仑翼大楼、圣马可大教堂的四角形钟楼、圣马可图书馆等建筑和威尼斯大运河所围成的长方形广场，长约170

米，东边宽约80米，西侧宽约55米。总面积约1万平方米左右，呈梯形。广场四周的建筑囊括了从中世纪到文艺复兴时代的各种风格。同学们如果感兴趣，不妨仔细了解一下每个建筑风格的美丽历史。

上潮的时候是广场最美丽的时刻，此时，潮水就像镜子一样铺设在广场上方，使得这里的所有建筑就像是镶嵌在水晶或玻璃中间，风景异常优美。

圣马可教堂

圣马可大教堂又被称为"金色大教堂"，它始建于829年，后来又于1043—1071年进行了重建，这里曾经是中世纪欧洲最大的教堂，是威尼斯建筑艺术的经典之作。

圣马可大教堂融东、西方的建筑特色于一体，起初，它是一座拜占庭式建筑，后来又加入了哥特式的装饰和文艺复兴时期的装饰。据说，它的五座圆顶来自土耳其伊斯坦堡的圣索菲亚教堂，整座教堂的结构呈现出希腊式的十字形设计，这种独特的建筑风格让参观者惊叹不已。

大教堂内外有400根大理石柱子，还有一个建于15世纪的钟塔高达97米，每到整点的时候，两个机器人就会用槌自动敲钟报时，洪亮的钟声能让整座城市的人听到。

教堂的大门顶上的正中部分雕有四匹金色的奔驰着的骏马。走进教堂里面，会看见其内部的墙壁上是用石子和碎瓷镶嵌的壁画，里面供奉的是一位西方的圣人。

教堂内殿中间最后方有一座黄金祭坛，祭坛的下面是圣徒马可的坟墓。祭坛后面有高1.4米、宽3.48米的金色围屏，屏面上有80多幅描绘耶稣、圣母、门徒马可行事的瓷片，在这个画面上共有2500多颗钻石、红绿宝石、珍珠、黄玉、祖母绿和紫水晶等珠宝来装饰，教堂中央的圆顶是一幅耶稣升天的庞大镶嵌画。在教堂中，尽可以一窥宗教的神秘，对宗教知识的了解也颇有帮助。

雷佐尼科宫

威尼斯大运河的右岸，有一座有名的宫殿叫雷佐尼科宫，曾经是提香的画室所在地，这里有保留着豪华装饰的舞蹈厅，厅内展示着18世纪的生活用具、陶器、织锦画等，充分展现了当时贵族们优雅奢侈的生活。

雷佐尼科宫是一座三层的大理石宫殿，宫殿的主要房间都安排在第一主楼层，所有的楼层都只有三间的宽度。主楼层还设有小圣堂，《婚礼的寓言》等杰出的壁画得到很多喜欢绘画的游客的青睐。这座长方形宫殿的中心是一个小庭院，装饰着雕塑和一个小喷泉，主楼层带柱廊的阳台具有巴洛克风格。

叹息桥

在威尼斯圣马可广场附近有一座巴洛克风格的石桥——叹息桥。它是威尼斯最著名的桥梁之一，因其两端连接法院与监狱两处，当死囚通过这座桥时，通常都是行刑前的一刻，他们也常在此刻感叹即将结束的人生，该桥由此得名。

叹息桥的外观上很奇特，它是密封式拱桥建筑，由内向外望只能通过桥上的小窗子。过桥的人被完全封闭在桥梁里。整座桥呈房屋状，上部穹隆覆盖，封闭得很严实，只有向运河一侧有两个小窗。许多影视作品中也都有叹息桥的身影，同学们可以寻找自己喜爱的影片来观看。

彩色岛

在威尼斯的东北部有一座小岛叫做彩色岛，又叫布拉诺岛，堪称威尼斯的"童话小岛"，由于岛上的房子全被刷成了鲜艳的颜色而得名。

彩色岛上相邻的房子颜色不同，几乎每家都有自己独特的想法，这里大部分房子的窗台上都会摆放一盆花或装饰品，这五彩斑斓的颜色让很多游人沉迷于其中的浪漫。

这里最有特色的莫过于手工蕾丝制品，这里的居民售出的蕾丝制品主要有杯垫、桌布、装饰品和婴儿的口水兜等。

同类推荐

位于我国江苏省的苏州一向以山水秀丽、园林典雅而闻名天下，有"江南园林甲天下，苏州园林甲江南"的美称，又因具有"小桥流水人家"的水乡古城特色，有"东方水都"的美誉，世纪世纪的《马可·波罗游记》将苏州赞誉为"东方威尼斯"。

苏州城内有很多名胜古迹，其中，苏州园林是中国十大名胜古迹之一，拙政园和留园被列入中国四大名园之一；苏州还发现了许多远古文化遗址，尤其以新石器时代晚期的良渚文化最为丰富；苏州市也有很多古镇，其江南水乡古镇已经被列为世界文化遗产名单中，其中的同里古镇为国家5A级景区。

去了苏州，除了必不可少的观赏园林和游览古镇之外，体验24小时的苏式市井生活更是不能错过的体验。事实上，在苏州，人们从早上睁开眼的那一秒开始，就浸润在她典雅的气质里，可以漫步在复杂清幽的小巷，听听吴侬软语，感受苏州含蓄精致的审美情趣、体味苏州内敛自足和不事张扬的城市风格。

游学思辨

1 到威尼斯旅游，最常用的交通工具就是威尼斯小艇。你能通过了解，说说它与我国的独木船有什么异同点吗？它最大的好处在哪里？

威尼斯示意图

莱园圣母院
坎纳雷乔区
犹太区　黄金宫
圣卡罗切区　圣佩沙罗宫　雷雅脱桥
　　　　　　　　　　　　圣凡尼保罗教堂
圣方济会堂　　圣保罗教堂　　　　卡斯特罗区
荣耀圣母教堂　　圣保罗区
　　　　　　　　　　圣马克大教堂　圣乔治信徒会堂
雷佐尼科宫　圣洛克教堂　　　　　　圣萨卡利亚教堂
卡米尼信徒会　　　圣马克广场　总督府
　学院美术馆　圣马克区　叹息桥
杜索杜尔区　　　　　　　　　　　海洋历史博物馆
　　　佩姬古根汉　安康圣母教堂
　　　美术馆　　　　　　圣乔治马乔雷教堂
朱提卡岛　雷登特雷教堂

2　史上有很多画家都在威尼斯留下了他们的足迹，你能说出一两个画家并讲讲他们都留有哪些画作吗？又有哪些画作是跟威尼斯有关的呢？

贝尔格莱德 **Belgrade**

融汇多种建筑风格的城市

　　贝尔格莱德是原南斯拉夫地区最大的城市，坐落在多瑙河与萨瓦河的交汇处，最具吸引力的就是它的历史街区和建筑，包括贝尔格莱德国立博物馆、塞尔维亚国家博物馆、贝尔格莱德国家大剧院、泽蒙、尼古拉·帕希奇广场、卡莱梅格丹堡垒、塞尔维亚国会大厦、圣萨瓦寺、约瑟普·布罗兹·铁托墓等。除此之外，整座城市里有多种风格迥异的建筑，如遍部全市的东方建筑、典型的中欧小镇、新贝尔格莱德的现代建筑等等。

　　这里的夜生活也丰富多彩，游客在夜里乘游船游览萨瓦河和多瑙河是非常惬意的选择。

课 文 链 接

　　同学们也许对贝尔格莱德这个地方比较陌生，但如果通读课文我们不难知道，这里也曾经是第二次世界大战的战场之一。八年级上册课文《蜡烛》一文中提到了贝尔格莱德这个地名：

　　在方场的中央，我们那五个人被对岸敌人的迫击炮火赶上了。在炮火下，他们伏在地上有半小时之久。最后，炮火稀了一点儿，两个轻伤的抱着两个重伤的爬了回来。那第五个已经死了，躺在方场上。

　　关于这位死者，我们在连部的花名册上知道他叫契柯拉耶夫，19日早上战死于贝尔格莱德的萨伐河岸。

　　红军的偷袭企图一定把德国人吓坏了，他们老是用迫击炮轰击方场和附近的街道，整整一天，只有短短的几次间歇。

游学拾贝

① 领略一下古建筑背后的历史渊源。

　　每一座古建筑的背后都有其自己的历史故事。在参观的同时，了解下其历史变迁和涉及的人物以及事件，加深对所参观建筑的了解。

② 从博物馆中的藏品来了解当时的社会风貌。

　　参观博物馆是旅游中一项不可缺的内容，从一件件藏品中了解它所在的社会的背景以及当时的状况。

　　在第一次世界大战期间，贝尔格莱德也如同很多被侵略的城市一样几经挫折。先是奥匈帝国海军的监听舰于1914年7月炮轰了贝尔格莱德。到了11月，奥匈帝国陆军在奥斯卡·波蒂奥雷克将军的指挥下占领贝尔格莱德。但没过几天，它又被拉多米尔·普特尼克元帅率领的塞尔维亚军队夺了回来。1915年10月，贝尔格莱德在经历了数天的战役后，又被陆军元帅奥古斯特冯·马肯森指挥的德国陆军和奥匈帝国军队占领，此时的城市已经遭受了巨大的破坏。战争结束后，贝尔格莱德成为新的南斯拉夫王国的首都。几经变迁，现如今，贝尔格莱德又成为了塞尔维亚共和国的首都。

边读边游

卡莱梅格丹城堡

　　卡莱梅格丹城堡既是城堡，也是公园，它不仅是见证贝尔格莱德的沧桑兴衰、曲折历史的重要文化遗产，也是贝尔格莱德标志性的游览景点与休闲场所。

　　卡莱梅格丹城堡始建于17世纪，其内部还有一些中世纪的大门、伊斯兰风格的坟墓和土耳其浴室。卡莱梅格丹城堡分为四个部分，即下城区、上城区、小卡莱梅格丹和大卡莱梅格丹，每个部分都各具特色，具有极高的观赏价值。

整座城堡主要由巨大的石块建成，虽然曾经经过多次修葺，但是依然可以得见古罗马、奥匈帝国的建筑遗风。遗留在公园中的大炮告诉游人，这里曾经是重要的军事基地。卡莱梅格丹城堡里还有蜿蜒曲折的小路、绿荫下的长椅、风景如画的户外喷泉、逼真的雕像和波澜壮阔的历史建筑，游人们可以在这里既了解历史，又放松身心、融入自然。

贝尔格莱德国立博物馆

贝尔格莱德国立博物馆是南斯拉夫最早建立的综合性博物馆，因教育部搜集档案资料、图书、印章、钱币而设立。

该馆主要设史前古物部、希腊·罗马古物部、中世纪艺术部、钱币与民族部、南斯拉夫现代艺术部、外国艺术部、修复部、保管部、图书馆、教育和出版部。馆内有很多藏品，主要收藏史前时期至第二次世界大战止的塞尔维亚的艺术品，也有前南斯拉夫境内考古发现物和14—20世纪的西方绘画。

这里展出的文物囊括很多历史时期：新石器时代早期、希腊·罗马时期、古代晚期、中世纪和民族大迁徙时期、中世纪全盛时期、近现代的珍贵传世文物和出土文物。其中，中世纪以前的古代艺术品和拜占庭时代的壁画精品是极其珍贵的文物，同学们可以从中了解到古代艺术品的风格以及精髓。馆内还藏有很多外国艺术品，尤以绘画居多，如意大利文艺复兴时期丁托列托，法国印象派皮耶尔·奥古斯特·雷诺阿、埃德加·德加等人的名作。观赏他们的画作时，同学们会发现各个大师都有自己独具一格的创作风格，每位大家的笔法都展现给我们另类的美感。

圣萨瓦教堂

圣萨瓦教堂坐落于贝尔格莱德老城区东部的一座丘陵上，建造始于1935年，总占地1800平方米，采用了东正教常用的拜占庭式设计。

巨大舒展的穹顶是拜占庭建筑最明显的标志，教堂的主顶被巨大的青铜穹顶所覆盖。教堂的主体结构有别于传统的拉丁十字形（横短竖长），而是采用的四边基本等长的正十字形状，东西91米，南北81米，这使得教堂看起来方正整齐，宏伟异常。教堂的四座钟楼均匀镶嵌于十字形的四个直角处，与教堂主建筑合为一体。

同类推荐

西安，古称长安，它北濒渭河，南依秦岭，是中华文明和中华民族的重要发祥地。

西安有着7000多年的文明史，3100多年的建城史，1100多年的建都史，因此保留有诸多的历史文化遗迹，有西安半坡博物馆、秦始皇兵马俑、大雁塔、小雁塔等等景点。此外，这里还有些红色旅游景点，如八路军西安办事处旧址、西安事变旧址等。

同学们可以先选择一些在市区的景点进行游览，如大雁塔、子雁塔、西安古城墙、钟鼓楼、大唐芙蓉园等。集中一天时间游览市区外的秦始皇陵兵马俑以及华清池，因为这两处的距离比较近；南梦溪天然景区、华山等自然风景区需要我们各用一天的时间细细游览。

1 每个国家的宫廷建筑都有不同的风格，你能试着列举出一些吗?

2 课文中提到了红军战士，我们中国在战争时期也有红军战士保家卫国，你知道还有哪些国家有"红军"吗?

雅典 Athens

西方文明的摇篮

雅典是希腊的首都和最大的城市，位于巴尔干半岛南端，也是现代奥运会的起源地，被誉为"西方文明的摇篮"。

雅典至今仍保留了很多历史遗迹和大量的艺术作品，雅典卫城是希腊最杰出的古建筑群，现存的主要建筑有山门、帕特农神庙、伊瑞克提翁神庙、埃雷赫修神庙等。其中最著名的是帕特农神庙，被视为西方文化的象征。

雅典的其他著名建筑主要坐落在市内的三座小山上：国家图书馆、雅典科学院、雅典大学等都建立在利卡维托斯山；天文台、新王宫等建立在尼姆夫斯山上；举世闻名的帕特农神庙则建立在阿克罗波利斯山上。

雅典的另一重要建筑雅典考古博物馆则位于市中心，里面珍藏的是从公元前4000年以来的大量文物、各种器具、精巧的金饰及人物雕像。

127

课 文 链 接

　　提到雅典，同学们首先能够想到的可能就是雅典奥运会了，实际上，雅典还不止有这种渊源。苏教版九年级下册课文《雅典的泰门》中，泰门的台词提到了雅典，文中这样写道：

　　……让他们的呼吸中都含着毒素，谁和他们来往做朋友都会中毒而死！除了我这赤裸裸的一身以外，我什么也不带走，你这可憎的城市！我给你的只有无穷的咒诅！泰门要到树林里去，和最凶恶的野兽做伴侣，比起无情的人类来，它们是要善良得多了。天上一切神明，听着我，把那城墙内外的雅典人一起毁灭了吧！求你们让泰门把他的仇恨扩展到全体人类，不分贵贱高低！阿门。

游学拾贝

① 在游玩的过程中领略古希腊文明。

　　希腊是西方文明的发源地，拥有非常悠久的历史，在游赏过程中，领会其展现在古建筑中的文明。

② 了解古希腊神话对于希腊建筑的影响。

　　雅典的诸多建筑背后，都和希腊神话有着莫大的关系，了解建筑的建造渊源，体会古希腊神话的生动性和趣味性。

传说，雅典这个城市的名字来源于智慧与正义战争女神雅典娜的名字，而雅典娜成为雅典守护神的传说和她与波塞冬之间的争斗有关。原来，雅典头一次被腓尼基人建成时，波塞冬与雅典娜便为城市命名而开始争夺权力。众神表示，谁能给人类一件有用的东西，谁就是这座城市的保护神。波塞冬用他的三叉戟敲打地面，变出了一匹战马，它代表的是战争和悲伤；而雅典娜则变出了一棵橄榄树，它是和平与富裕的象征。于是众神判雅典娜获胜，城市归她。于是女神就将这个城市纳入了她自己的保护中。

边读
边游

雅典娜神庙

　　雅典娜神庙又名雅典娜胜利神庙，也叫做无翼胜利女神庙，位于卫城山上。

　　该神庙建立于公元前449—前421年，采用爱奥尼柱式，不过它在公元前480年的一次战争洗劫中荡然无存。现在我们所看到的雅典娜神庙是在此基础上重新修建的。神庙由蓬泰利克大理石建成，里面有一座大致呈方形的内殿和一个每端各有4根圆柱的爱奥尼亚式门厅。

　　神庙的外面，围着一条宽约近半米的中楣饰带，上面装饰着高凸的浮雕。浮雕上展示的都是希腊神话中的故事和人物：神庙东面的浮雕上刻着手里拿着盾牌的雅典娜神像，雅典娜神像的旁边是主神宙斯像，朝南的角落里还有其他的神像。别的浮雕内容是公元前479年普拉迪战役中的战斗场面，其中西面是雅典人同贝奥拉提亚人作战，两侧则是同波斯人作战的情景。从神庙的建筑中同学们不难得知，雅典娜在希腊神话中的重要地位。

奥林匹亚宙斯神庙

宙斯神庙位于雅典奥林匹亚村，是为了祭祀宙斯而建的，也是古希腊最大的神庙之一。这里尤以象牙和黄金的塑像而闻名于世，是欧洲古代早期最重要的建筑之一。

宙斯神庙建于公元前470年，它的风格是多立克式神庙，全部由大理石砌成。整个建筑坐落在一块205米长、130米宽的地基上，其中，宽边有6根立柱，长边有13根立柱。神庙的山墙上是大理石雕刻：正面东边的山墙上雕刻的内容是当地的一个传说——珀罗普斯与厄利斯的国王赛跑，背面西方的山墙上雕刻的内容是拉比斯人与半人马作战，内厅的门廊上雕刻着海格力斯的十二件丰功伟绩。

闻名世界的宙斯神像在神庙的内厅里，它高为12米多，被誉为"世界八大奇迹"之一，是古希腊雕刻家菲迪亚斯的杰作。宙斯神像的躯体是由象牙制作的，他的长袍是用黄金制成的，其装饰品分别是乌木以及各种珍贵的宝石。在宙斯神像的右手中有一座小的戴着皇冠的神话中的胜利女神，也是用

黄金和象牙制成的。他的左手拿着一根黄金制成的权杖，旁边还有一只鹰。通过这些，同学们可以一探传说中神明的秘密。

雅典卫城

　　雅典卫城也称为雅典的阿克罗波利斯，希腊语原意为"高处的城市"或"高丘上的城邦"，是希腊最杰出的古建筑群。

　　雅典卫城面积约有4平方千米，位于雅典市中心的卫城山丘上，始建于公元前580年。雅典卫城的山门正面高18米，侧面高13米，山门左侧的画廊内收藏着许多精美的绘画。这里现存的主要建筑有山门、雅典娜神庙、帕特农神庙、伊瑞克提翁神庙、埃雷赫修神庙、迪库斯音乐厅等，其中尤以雅典娜神庙最为有名，它是卫城的典范建筑，被列为闻名世界的古代七大奇观之一。雅典卫城的东南还有一座卫城博物馆，这里馆藏丰富，建成于1878年，共有9室，珍藏有珍贵的石雕、石刻等。雅典卫城是帮助同学们了解古希腊文化的重要遗址。

帕特农神庙

　　坐落于雅典卫城中央最高处的帕特农神庙，已经有两千多年的历史，采用的是多立克柱式。

　　现如今，庙顶已经坍塌，曾经用黄金象牙雕刻的雅典娜巨像已经不在，浮雕也受到了腐蚀，现仅留有一座石柱林立的外壳。帕特农神庙呈长方形，庙内有前殿、正殿和后殿。神庙有两个主殿：祭殿和女神殿。从神庙前门可以走进祭殿，从后门可以进入女神殿。在东边的人字墙上的一组浮雕，刻着智慧女神雅典娜诞生时候的精彩场景；在西边的人字墙上雕绘着雅典娜与海神波塞冬争当雅典守护神的场面。

雅典国家考古博物馆

雅典国家考古博物馆是雅典20多所博物馆之中最大，也是收藏最丰富的一个博物馆，这里藏有最丰富的古希腊文物。

博物馆建立于1866—1889年，有大厅、陈列室等50多个房间，收藏文物近两万件，大部分文物反映的都是希腊神话中的内容。走入前厅的中路，游人即可看到迈锡尼文物陈列区，这里展出的是金制面具、器皿和装饰品等；中路的两侧是雕塑陈列区，展出了希腊时期的有各种战具；再往北就是青铜器陈列区；新建的双层建筑后厅是陶器和陶瓶的陈列区。

展品中最为有名的有阿伽门农金面具、海神波塞冬铜像、大理石竖琴演奏者、希腊海中女神涅瑞伊得斯等。从博物馆展出的藏品中同学们不难看到，古希腊文明从史前时期就已然开始。

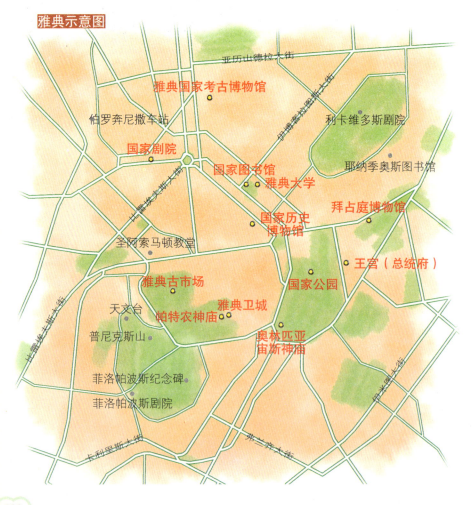

雅典示意图

同类推荐

平遥古城位于我国山西省中部平遥县内，始建于西周宣王时期（公元前827年—前782年），被称为"保存最为完好的四大古城"之一，也是中国仅有的以整座古城申报世界文化遗产获得成功的两座古城市之一，是迄今汉民族地区保存最完整的古代居民群落。

平遥古城中的建筑贯穿了几个朝代，其建筑基本上都保留了古时候的风貌，向人们展示了非同寻常的汉族文化、社会、经济及宗教发展等情况。例如，距今600多年的平遥县衙是全国现存规模最大的县衙，日升昌票号为中国民族银行业的先驱，始建于唐贞观初年的孔庙是我国现存各级文庙中历史最久的殿宇，修筑于城池的城门顶是一座城池重要的高空防御设施。此外，还有角楼、点将台、镇国寺、双林寺等建于不同朝代的风格各异的古建筑。

来到平遥古城，首先一定要参观的是"平遥三宝"：古城墙、镇国寺和双林寺。同学们在游览时，应该好好领略它们的独特之处。

1 我们知道，世界上第一次奥运会的举办地就是雅典，那么，你知道奥运会起源和雅典有什么渊源吗？

2 古希腊有很多生动有趣的神话故事，你了解的都有哪些？能为身边的人讲一讲吗？

伦敦 London

多元化大都市

　　伦敦是英国的首都，是四大世界级城市之一，与美国纽约、日本东京、法国巴黎并列。它位于英格兰东南部的平原上，跨泰晤士河。

　　伦敦是世界闻名的旅游胜地，拥有数量众多的名胜景点与博物馆等。首先，伦敦是世界文化名城，这里有建于18世纪的世界上最大的博物馆——伦敦大英博物馆，还有国家美术馆、国家肖像馆、泰特艺术馆、多维茨画廊、福尔摩斯博物馆等；其次，这里留有诸多的文物古迹，如威斯敏斯特宫、伦敦塔、滑铁卢大桥等；还有诸多风景优美的公园，如海德公园、圣詹姆斯公园等；此外，这里还有一些现代化的观光点，如世界第四大摩天轮伦敦眼、千年穹顶等。

课 文 链 接

　　伦敦在同学们眼里并不陌生，人教版高中必修2、语文版高中第四册、苏教版必修3、沪教版高中第二册都收录了课文《在马克思墓前的讲话》这篇课文，里面都提到了伦敦。此外，苏教版九年级下册收录的《送行》中也提到了伦敦，是这样写的：

　　因为马克思首先是一个革命家。他毕生的真正使命，就是以这种或那种方式参加推翻资本主义社会及其所建立的国家设施的事业，参加现代无产阶级的解放事业，正是他第一次使现代无产阶级意识到自身的地位和需要，意识到自身解放的条件。斗争是他的生命要素。很少有人像他那样满腔热情、坚韧不拔和卓有成效地进行斗争。最早的《莱茵报》（1842年），巴黎的《前进报》（1844年），《德意志—布鲁塞尔报》（1847年），《新莱茵报》（1848—1849年），《纽约每日论坛报》（1852—1861年），以及许多富有战斗性的小册子，在巴黎、布鲁塞尔和伦敦各组织中的工作，最后，作为全部活动的顶峰，创立伟大的国际工人协会——老实说，协会的这位创始人即使别的什么也没有做，单凭这一结果也可以自豪。

游学拾贝

① 了解辉煌建筑背后的历史意义。

　　英国的很多著名景点都是历史遗留下来的辉煌建筑，在欣赏它们的同时，了解其历史意义和珍贵的价值。

② 领略各博物馆文物的历史价值。

　　英国的宫殿、博物馆中全保存有著名的文物及物品，有些在世界上有极高的价值，领略其价值背后的历史意义。

我们都知道，在2010年的时候，我国的上海举办了第41届世界博览会，里面的热门场馆建筑华美，让世人惊叹。也许同学们并不知道，世界上第一届博览会是1851年在英国伦敦召开的。

1849年6月，英国伦敦白金汉宫召开了一次历史性的会议，做出了一个重要的决策：举办世博会。召开世博会的主要目的，就是显示英国当时在工业和技术上的优势。原因是，英国于19世纪中叶爆发了世界工业革命，当时也是世界上拥有最多殖民地、最强大最先进的国家。世博会上，通过展示来自世界各地的艺术和工艺产品，"使不同的国家和大陆隔绝的距离在现在科技面前快速消失，所有国家从此都可以朝新的方向发展"。

第一届世博会召开得非常成功，当时的展品高达14000件，其中引人注目的有一块24吨重的煤块、一颗来自印度的大金刚石、一头标本大象等，还有展示人类智慧的水利印刷机、纺织机械等。自此之后，世博会每隔几年，就会在各个不同的当时的实力派国家举办一次。而第一次召开世博会的伦敦，无疑是一座非常有魅力的城市。

边读边游

威斯敏斯特宫

威斯敏斯特宫位于伦敦的中心，坐落在泰晤士河西岸的威斯敏斯特市，它又称国会大厦，是英国国会的所在地。威斯敏斯特宫是哥特复兴式建筑的代表作之一，1987年被列为世界文化遗产。

如今的建筑基本上是由19世纪重修的，但是初建时候的许多历史遗迹依然保留着，整座宫殿的顶部大都是小型的塔楼，墙面上装饰着尖拱窗、优美的浮雕和飞檐以及镶有花边的窗户上的石雕饰品。

整座建筑包括1100个独立的房间、100座楼梯和长为4.8千米的走廊。大厦分为四层，首层有办公室、餐厅和雅座间；二层为宫殿主要厅室，如议会厅、议会休息室和图书厅等；顶部两层为委员房间和办公室。

最为著名的威斯敏斯特宫钟塔——伊丽莎白塔，在宫殿的东北角，高96.3米。钟楼顶部的钟房是一座巨大的矩形四面时钟，钟楼拥有5座时钟，

每过一刻都会报时。最有名的一座是大本钟，重达13.8吨，每过一小时击打一次。

威斯敏斯特厅是宫殿里现存最为古老的部分，始建于1097年，是中世纪英格兰屋顶净跨最大的建筑，长73.2米，跨度20.7米。威斯敏斯特厅主要用于重要的司法运行，也是重大仪式的举行地。

威斯敏斯特大教堂

坐落在伦敦泰晤士河北岸的威斯敏斯特大教堂，始建于公元960年，被英国人誉为"荣誉的宝塔尖"，是英国地位最高的教堂。

这座古老的教堂从外部看是依拉丁风格建造的十字形。教堂正门向西，是由两座全石结构的方形塔楼组成的，教堂的主体部分长达156米，宽22米。教堂最上端是由彩色玻璃嵌饰的尖顶，四周高处的窗户都是用五颜六色的彩色玻璃装饰而成的。

该教堂主要由教堂及修道院两大部分组成，有圣殿、翼廊、钟楼等建筑。走过教堂的通道，就能看见豪华绚丽的内厅，这里是举行王室加冕礼和皇家婚礼的地方。穹顶挂着华丽璀璨的大吊灯，地上铺着华贵的红毯，祭坛被装饰得金碧辉煌，这里的宝座和圣石是英国的镇国之宝。威斯敏斯特教堂里还有许多礼拜堂，如著名的亨利七世礼拜堂，是英国中世纪建筑最杰出的代表作品。教堂南侧是天主教本笃会的修道院。

教堂里有大量馆藏，英国国王加冕用品以及勋章等庆典用品都收藏在这里。这里也是很多王室成员的墓地，也有许多领域的伟人及作家等埋葬于此，例如，著名科学家牛顿的墓地位于威斯敏斯特教堂正面大厅的中央，墓地上方耸立着一尊牛顿的雕像，旁边还有一

个纪念他科学功绩的巨大的地球造型。由此同学们可以更深刻地认识到，这些伟人对于英国，甚至世界的发展具有重要的推动作用。

白金汉宫

白金汉宫位于伦敦威斯敏斯特城内，是与故宫、白宫、凡尔赛宫、克里姆林宫齐名的世界名宫，是英国皇家的居所和女王办公地，现在这里已经对外开放，每天早上都会举行著名的禁卫军交接典礼。

白金汉宫的正门悬挂着王室徽章，里面有典礼厅、音乐厅、宴会厅、画廊等775间厅室，宫外有占地辽阔的御花园。白金汉宫的主体建筑是4层，附属建筑包括皇家画廊、皇家马厩和花园。皇家画廊和皇家马厩全都对公众开放参观。王宫西侧是宫内的正房，其中最大的是皇室舞厅，建于1850年，里面悬挂着一盏巨型水晶吊灯；蓝色客厅被认为是宫内最雅致的房间，摆有为拿破仑一世制作的指挥桌；白色客厅用白、金两色装饰而成，室内有精致的家具和豪华的地毯；御座室里面挂有水晶吊灯，四周墙壁顶端绘有15世纪玫瑰战争的情景；音乐室的房顶呈圆形，全都是用象牙和黄金装饰而成的。游览这里，同学们定会被这里的豪华所折服，也让我们更清楚地看到英国皇权的威严。

白金汉宫对着主建筑的铁栏杆外有个广场，这里耸立着维多利亚女王镀金雕像纪念碑，它的四周有四组石雕群。纪念碑下面的阶梯是欣赏白金汉宫的好位置。

大英博物馆

伦敦大英博物馆，又名不列颠博物馆，位于伦敦新牛津大街北面的罗素广场，成立于1753年，是世界上历史最悠久、规模最宏伟的综合性博物馆，也是世界上规模最大、最著名的博物馆之一。

伦敦大英博物馆是一座规模庞大的古罗马柱式建筑，十分壮观。该馆核心建筑占地约56000平方米，共有100多个陈列室，这里拥有藏品800多万件，展出的展品有40多万件。博物馆正门的两旁，均有8根又粗又高的罗马式圆柱；博物馆的中心是大中庭，是欧洲最大的有顶广场。广场的顶部是用1656块形状奇特的玻璃片组成的。

由于历史原因，博物馆囊括了巴比伦、印度、中国和希腊等多个国家的藏品。其中的埃及文物馆是其中最大的陈列馆，有7万多件古埃及各种文物；希腊和罗马文物馆、东方文物馆收藏的大量文物反映了古希腊罗马、古代中国的灿烂文化。其中最著名的藏品有罗塞塔石碑、帕特农神庙石雕、拉美西斯二世头像、古埃及木乃伊等。可以见得，伦敦大英博物馆是同学们了解世界各国历史文明的首选之地。

海格特公墓

海格特公墓是伦敦的公墓，位于伦敦北郊的海格特地区。

该公墓分为东西两个部分。西海格特公墓于1839年成立，包括两个都铎风格的教堂，一个古埃及风格的大道和大门（仿造古埃及著名的国王谷建筑），还有哥特风格的墓穴。东海格特公墓于1854年成立，马克思及其家人墓就在于此，公墓还埋葬着英国物理学家和化学家法拉第、小说家乔治·艾略特。

伦敦眼

坐落在伦敦泰晤士河畔的伦敦眼又叫千禧之轮，是世界上首座观景摩天轮，也是伦敦的地标及著名旅游观光点之一。

伦敦眼总高度135米，共有32个乘坐舱，座舱全由钢化玻璃打造，设有空调系统。每个乘坐舱可载客约25名，回转速度约为每秒0.26米，即一圈需时30分钟。同学们可以乘坐它"飞"至高处，鸟瞰伦敦的美景。

"伦敦眼"在夜间呈现出一个巨大的蓝色光环，照射得泰晤士河水变幻莫测。伦敦眼还曾为2015英国大选亮灯，红灯代表英国工党，蓝色代表保守党，紫色代表英国独立党，黄色代表自由民主党。

同类推荐

我国香港是一座高度繁荣的国际大都市，地处我国华南，珠江口东侧，是仅次于纽约和伦敦的全球第三大金融中心，美国纽约、英国伦敦并称"纽伦港"，有"东方之珠""美食天堂"和"购物天堂"等美誉。

香港城市以现代建筑为主，这里是观赏摩天大楼的极佳所在，大量摩天大楼分布在维多利亚港两岸，全球最高的100栋住宅大楼中，大概有一半位于香港。

繁华的香港也是一座著名的旅游胜地：这里有很多宗教文化景观，如文武庙、铜锣湾天后庙、圣约翰大教堂、黄大仙祠墓、侯王庙等，民俗文化景点有九龙城寨、宋帝岩、西贡上窑民俗博物馆等，现代景点有维多利亚港、香港迪士尼乐园、海洋公园、香港杜莎夫人蜡像馆等。如果同学们想感受一下香港建筑物中西文化荟萃的特色，可以报名参加由香港旅游发展局主办的"古今建筑漫游"。

游学思辨

1 下图是著名的伦敦威斯敏斯特宫，其中最显著的是著名的大本钟，请参照实景或者网络上的图画等，将其涂上美丽的颜色。

伦敦示意图

摄政公园　露天剧院
马里勒本站　　　市立大学
英国广播公司　　珍宝博物馆
帕丁顿站　　大英博物馆
　　　　圣保罗大教堂
　　　皇家歌剧院
玩具与模型博物馆　海德公园　　　伦敦
　　　　　　伦敦桥
唐宁街十号　滑铁卢站　伦敦塔桥
维多利亚女王纪念碑　大本钟
　　　威斯敏斯特宫
白金汉宫　威斯敏斯特大教堂
维多利亚站
　　　　市政厅博物馆
切尔西学院
巴特西公园

2　你所知道的世界名著，哪些是以英国伦敦为背景所写的？请罗列出来。

纽约 New York

世界级国际化大都市

纽约是纽约都会区的核心，也是美国最大的城市。

纽约是世界上摩天大楼最多的城市之一，有很多建筑本身就是景点，如帝国大厦、克莱斯勒大厦和洛克菲勒中心；久负盛名的布鲁克林大桥和自由女神像也是来纽约必看的景点；纽约还有很多充满世界级艺术和历史展品的博物馆，如大都会艺术博物馆、所罗门·R·古根海姆博物馆、惠特尼美国艺术博物馆、新画廊和犹太博物馆、美国自然历史博物馆、纽约历史社会博物馆、现代艺术博物馆和修道院艺术博物馆等。

此外，百老汇大道是纽约市重要的南北向道路。其中，纽约时报广场位于百老汇剧院区枢纽，被称为"世界的十字路口"，也是世界娱乐产业的中心之一。

课文链接

　　中学课本有很多地方对于美国纽约有过提及，如北师大版七年级下册中的《爱因斯坦和原子弹》、苏教版必修2和沪教版九年级上册的《假如给我三天光明》、语文版七年级下册中的《蟋蟀在时报广场》、浙教版七年级下册的《曼哈顿街头夜景》等，语文版八年级上册《走进纽约》是一篇专门介绍美国纽约的文章，文中的开头，写了作者对于纽约繁华的惊叹：

　　看纽约，看这世界上首屈一指的最大都市，我扬起大西洋的浪花，以东方的古老语言发出一声滚烫的惊叹：威赫赫，何其伟哉壮哉！是啊，好像全球五大洲的将近二百个国家的一切山，一切岳，一切岭，一切峰峦，都一齐汇拢到这儿来了！而眼前是身在庐山中吗？横看成岭侧成峰，远近高低各不同，只是，无法超尘脱凡地领略它的全部壮丽和风采。人走在阴森森的峡谷之中，天显得那么窄，那么狭，常常成了纵横的蓝线。人走在阴森森的峡谷之中，显得那么渺小和孤独。到了大名冲天却短而又短短得只有从刀米且还弯弯曲曲的华尔街，山好像在那儿举行着一场盛大博览；山一繁，沟壑也便随之增多了，因而左看是沟壑，右看是沟壑，目光前移后移，仍然是沟壑，沟壑，沟壑。走进每个沟壑都给人以山重水复的阻塞，以致令人闭气而终又柳暗花明之感。

游学拾贝

① 感悟一个城市或者国家的富强与否都体现在现代化建筑中。

　　一个国家繁荣富强，势必会建造一些现代化建筑体现其科技及经济的发达，这也是纽约作为世界金融强国展现给我们的实力。

② 体会现代化旅游景点不同于自然山水风光的独特感受。

　　经济发达的现代社会，打造了很多现代化的娱乐设施，体会它们带给我的震撼，并珍惜我们在时代变更中的美好生活。

同学们，你们知道纽约这个名称的由来吗？原来，纽约的英文是"New York City"，意思是"新约克郡"。17世纪时，英荷战争结束后，战败的荷兰被迫将新阿姆斯特丹割让给了英国，当时正好是英王查理二世的弟弟——约克公爵的生日，因此，英国政府就将新阿姆斯特丹改名为"新约克郡"，将这里作为生日礼物送给约克公爵。还有一个原因是，在20世纪初，对于外来人民说，纽约是片崭新的天地，这里有众多的发展机会。纽约还有一个昵称，叫"大苹果"，是"好看、好吃，人人都想咬一口"的意思。

让我们一起来看一看，"人人都想咬一口"的"大苹果"，滋味都体现在了哪里。

边读边游

大都会艺术博物馆

纽约的大都会艺术博物馆是美国最大的艺术博物馆，也是世界著名的博物馆。它与英国伦敦的大英博物馆、法国巴黎的卢浮宫、俄罗斯圣彼得堡的列宁格勒美术馆并称为世界四大美术馆，大都会艺术博物馆收藏有300万件展品。现在是世界上首屈一指的大型博物馆。

博物馆的展厅共有3层，分服装、希腊罗马艺术、原始艺术、武器盔甲、欧洲雕塑及装饰艺术、美国艺术、R·莱曼收藏品、古代近东艺术、中世纪艺术、远东艺术、伊斯兰艺术、19世纪欧洲绘画和雕塑、版画、素描和照片、20世纪艺术、欧洲绘画、乐器和临时展览等18个陈列室和展室。除了展厅外，其他的有阿斯特庭院、典德尔神殿、沃森图书馆、隐修院等。游览完后，同学们对各国艺术的认识定会有一个质的飞跃。

这里藏有很多与众不同的文物，如欧弗洛尼奥斯陶瓶、蒂凡尼彩色玻璃、伦勃朗的油画、古代埃及的花瓶、罗马的雕像等，给人以耳目一新的感觉。

克莱斯勒大厦

克莱斯勒大厦位于纽约曼哈顿东部，它建于1926—1931年，是纽约第一座摩天大楼。

大厦高320米，77层，大楼尖顶装饰轮毂罩被认为是装饰艺术建筑学的杰作。大厦是用石头、钢架与电镀金属构成，其中，Otis电梯公司设计了4组8台电梯与3862扇窗户。这些在1976年被公告为美国国定古迹。这所大厦最著名的就是它的冠，它是由7个放射状的拱组成，由十字型弧棱拱顶与7个同心圆组成，呈银白色。

自由女神像

位于纽约海港内自由岛哈德孙河口附近的自由女神像，全名为"自由女神铜像国家纪念碑"，正式名称是"照耀世界的自由女神"，是法国于1876年为纪念美国独立战争期间的美法联盟赠送给美国的礼物。1984年，美国自由女神铜像国家纪念碑列入《世界遗产名录》。

自由女神雕像高46米，加上基座高为93米，重达225吨，是金属铸造的。自由女神穿着古希腊风格的衣服，戴在头上的冠冕的七道尖芒象征七大洲；她右手高举着象征自由的火炬，左手捧着《独立宣言》；脚下是打碎的手铐、脚镣和锁链。这些则象征着挣脱暴政的约束和自由。它的底座是美国移民史博物馆。

游客可以乘电梯从铜像的底部直达基座的顶端，神像的冠冕处可以同时容纳40人观览，冠冕的四周开有25个小铁窗，每个窗口高约1米。从神像的冠冕处向右还能登上铜像右臂高处的火炬底部，这里可容纳12人。铜像的基座是移民博物馆，馆里面设有电影院，游客们在这里可以观看美国早期移民生活的影片。

布鲁克林大桥

布鲁克林大桥横跨纽约东河，连接着布鲁克林区和曼哈顿岛。从1869年开工，到1883年竣工，前后长达14年。

整座大桥长1834米，桥墩高达87米，是当时纽约最高建筑物之一。桥身由上万根钢索吊离水面41米，是当年世界上最长的悬索桥，也是世界上首次以钢材建造的大桥。当时桥建成时，被认为是继世界古代七大奇迹之后的第八大奇迹，被誉为全世界7个划时代的建筑工程奇迹之一。

现在的布鲁克林大桥已经是纽约市天际线不可或缺的一部分，1964年成为美国国家历史地标。

百老汇

百老汇原意为"宽阔的街"，是纽约重要的南北向道路，南起巴特里公园，由南向北纵贯曼哈顿岛。由于这条路的两旁分布着为数众多的剧院，是美国戏剧和音乐剧的重要发扬地。

百老汇大街两旁分布着几十家剧院，在百老汇大街44街至53街的剧院称为内百老汇，而百老汇大街41街和56街上的剧院则称为外百老汇。百老汇最出名的一段叫做"白色大道"，这一段路虽然只有1000米长，却是纽约市大剧院的集中地。我们可以通过游览此地了解美国人民喜欢的艺术的风格大致有哪些。

近年来，在百老汇演出的著名剧目有《狮子王》《歌剧魅影》《猫》《悲惨世界》《西贡小姐》《泰坦尼克号》等。

同类推荐

上海地处长江入海口，是中国首个自贸区"中国（上海）自由贸易试验区"所在地。作为远东最大的都市之一，上海有"中国的商业橱窗"之称。它也是一座国家历史文化名城，拥有深厚的近代城市文化底蕴和众多的历史古迹。

上海有很多现代化景点，如东方明珠电视塔、金茂大厦、环球金融中心、上海中心大厦、中华艺术宫（原世博会中国馆）、世博会主题馆等；自然佳景有上海外滩、豫园、上海植物园、上海世纪公园等。现代化的上海还有众多人文景观，如枫泾古镇、朱家角镇、老城隍庙、玉佛寺等。同学们畅游在上海，一定会对我国的经济中心有更新的认识。

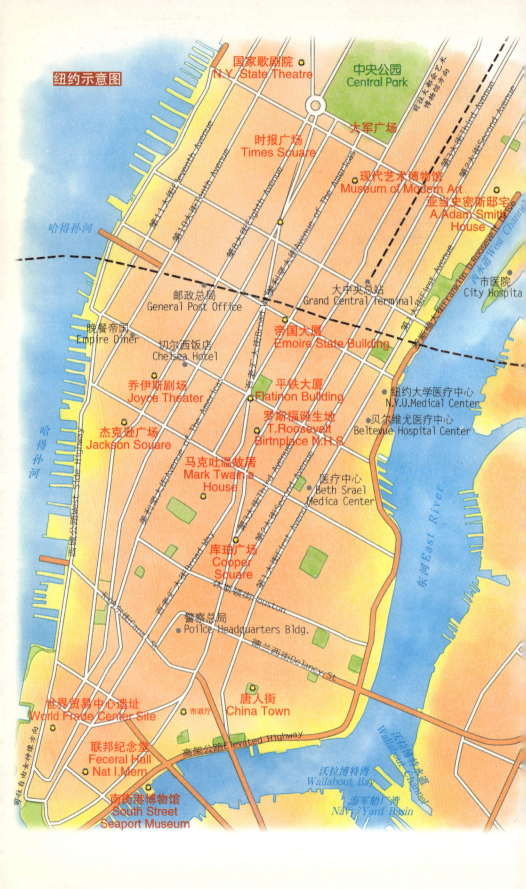

1 看一看美国的自由女神像，你能模仿她的姿势，手工做一个和她头上一样的光圈，模仿一下她的神态吗？

2 众所周知，美国拍动画片的水平是国际一流的。你能举例说说自己看过哪些产于美国的动画片吗？这些动画片曾经带给你什么样的触动呢？

圣彼得堡 Saint Petersburg

俄罗斯的"北方首都"

　　圣彼得堡又被称为俄罗斯的"北方首都"，是俄罗斯第二大城市，也是一座具有皇家风范的城市，1924年为纪念列宁曾经更名为列宁格勒，1991年又恢复了原名。

　　圣彼得堡和历史中心古迹群被联合国教科文组织收入世界遗产名录。这里拥有264家博物馆，其中艾尔米塔什博物馆（冬宫）、彼得宫（夏宫）、康斯坦丁宫、叶卡捷琳娜宫、巴甫洛夫斯克宫、尤苏波夫宫、斯莫尔尼宫、彼得保罗要塞、伊萨基亚大教堂、俄罗斯博物馆等最为著名；涅瓦大街与城市历史一样长久；位于十二月党人广场上的青铜骑士是圣彼得堡市标志性雕塑。

课文链接

　　每个国家都有代表自己国家特色的重要城市，俄罗斯也不例外。北师大版八年级上册的课文《列宁格勒的树》中赞美的是保家卫国的列宁格勒人，其中这样描写列宁格勒（圣彼得堡）：

　　这是令人难以置信的事情，但是我们又分明看到了列宁格勒的人们卖首饰、卖房屋、卖家具换口粮和棉毯，没有谁去砍树生火取明。我们分明看到了早夭的孩子的小棺材是用旧铺板钉的而不是新木材做的。

　　把树看得比生命更重要的人们是怎样的人们？那是一群精神强健人格高贵的人。我们的确可以找到这样的佐证。在阴云惨淡、魔剑高悬的900个日日夜夜里，列宁格勒城里竟然：剧照贴满大街小巷，剧院天天夜里开演，观众座无虚席；学校准时开学，上课铃声从未间断……有这样不放弃尊严的人，有这样精神高贵的人，列宁格勒的树可以被战火烧焦，但决不会被人民砍伐。

游学拾贝

① 通过游览古建筑了解其过去的历史。

　　古建筑反映了这个城市很多过去的风貌，感同身受地体会一下过去的历史，并懂得珍惜过去的历史文化遗产。

② 明白历史遗产对于我们后世人的意义。

　　古代的历史文化遗产不仅能反映当时的现状，也能开启后人对生活的美好向往。

圣彼得堡与欧洲其他城市最大的差别在城市的命名上，所有的欧洲首都的名字基本上全都是一个字，而且有一个单一的含义。而圣彼得堡则不然，这个名称有三个不同的起源：

"圣"来源于拉丁文，意思是"神圣的"，"彼得"是使徒之名，在希腊语上被解释为"石头"，"堡"在德语或者荷兰语中的意思是"城市"。

这样看来，圣彼得堡这个名字不仅和彼得大帝的名字互相吻合，也说明这个城市蕴含着不凡的文化背景来源。它不但沿袭了德国及荷兰的文化传统，并且城市的象征意义和以圣徒彼得为守护神的古罗马也有着密切的关系。

边读边游

涅瓦大街

涅瓦大街是圣彼得堡的主街道，也是圣彼得堡最古老的道路之一，它建于1710年，全长约4.5千米，宽25至60米。整个大街大致可以分为两部分，以莫斯科车站前的起义广场为界，西侧就是通常所说的涅夫斯基大街。东侧至亚历山大·涅夫斯基大修道院的涅夫斯基大街，通常被人们称为旧涅夫斯基大街。

涅瓦大街繁华热闹，聚集了该市最大的书店、食品店、百货商店和最昂贵的购物中心，也有诸多的教堂、名人故居以及历史遗迹。

涅瓦大街建有很多教堂，如东正教的喀山大教堂，新教的圣彼得和保罗教堂，天主教的圣凯瑟琳教堂、荷兰教堂、亚美尼亚教堂等等；这里建有很多豪华的建筑，因其有不能超过冬宫高度的限制，看起来整齐划一；这里还有名人的故居，如果戈理故居、柴可夫斯基故居；在漫游的过程中，你还可以看到叶卡捷琳娜二世的塑像、喷泉河、安尼可夫桥、驯马铜雕等。从这些建筑里，同学们可以了解到很多俄罗斯的历史和文化知识。

冬宫

冬宫又叫艾尔米塔什博物馆，坐落在圣彼得堡宫殿广场上，起初是俄国沙皇的皇宫，十月革命后，成为了圣彼得堡国立艾尔米塔奇博物馆的一部

分。它与伦敦的大英博物馆、巴黎的卢浮宫、纽约的大都会艺术博物馆一起，被称为世界四大博物馆。

冬宫面向涅瓦河，有3道拱形铁门，入口处有阿特拉斯巨神群像。宫殿的四周有两排柱廊，宫内被各色大理石、孔雀石、石青石、斑石、碧玉镶嵌着，并以各种质地的雕塑、壁画、绣帷装饰着。冬宫广场的所有建筑物，都是在不同时代、不同建筑师用不同风格建造的。广场中央建有亚历山大纪念柱，高47.5米，当时是为了纪念1812年亚历山大一世率领俄军战胜拿破仑军队的丰功伟绩而建造的。

该馆最早是叶卡捷琳娜二世女皇的私人博物馆，造就了这里丰富的藏品：东方艺术馆拥有公元前4000年以来的展品16万件，如石棺、木乃伊、浮雕、纸莎草纸文献、世界上最大的伊朗银器等；远东艺术博物馆收藏了大量的中国文物和艺术品，如殷商甲骨文、公元1世纪的珍稀丝绸和绣品、敦煌千佛洞的雕塑、泰国雕塑等；西欧艺术馆主要展出的是文艺复兴时期的绘画、素描、雕塑等。此外，这里还有古希腊和古罗马的雕像、花瓶等文物，陈列在20多个大厅里。

伊萨基辅大教堂

坐落在圣彼得堡市区内的伊萨基辅大教堂，与梵蒂冈的圣彼得大教堂、伦敦的圣保罗大教堂和佛罗伦萨的花之圣母大教堂并称为世界四大教堂，如今仍被视为俄罗斯晚期古典主义建筑的精华。

教堂高102米，长112米，宽100米，四面各有16根巨大的石柱，呈双排托起雕花的山墙，每根石柱重120吨。教堂东西南北四个门廊上方的三角楣饰、建筑顶端的圣徒和天使雕像，以及巨大门扇上的浮雕，全都表现的是福音全书的故事情节。

大教堂的内部装修得尤为精美，光黄金就用去400千克，教堂内有许多镀金的、青铜的和大理石的雕塑，有多幅色彩斑斓的镶嵌画和宗教画，还有用乌拉尔宝石和名贵孔雀石、天青石制作的艺术品作为装饰。教堂主祭坛圣像壁的65幅圣像用白色意大利大理石做框饰，用乌拉尔孔雀石壁柱分割。地面由浅灰色大理石方砖铺面，中央是巨大的玫瑰花环，由玫瑰红和樱桃红大理石拼成。墙体还有150幅壁画和马赛克镶嵌画装饰。

教堂里面有铁梯，游人可以顺此直达教堂顶部大平台，从平台的各个方位远眺圣彼得堡市的全城风貌。

青铜骑士

彼得大帝青铜骑士雕塑位于伊萨基辅大教堂与涅瓦河之间的"十二月党人"广场上，是圣彼得堡市的标志性建筑之一。

青铜雕像高5米，重20吨，被安置在一块重达1600吨的天然巨石上。彼得大帝头戴桂冠，稳稳地骑在前蹄腾起的骏马上，表情神采飞扬。他的双眼炯炯有神，直直地看着前方。马的后蹄还踩着一条毒蛇。该马象征着俄罗斯，而马匹践踏着的蛇，代表着当时阻止彼得大帝进行改革的旧势力。

阿芙乐尔号

现在永久性停泊在涅瓦河畔的阿芙乐尔号巡洋舰，是原属俄罗斯帝国波罗的海舰队的一艘装甲巡洋舰，因参加俄国十月社会主义革命而闻名于世。历史上，它经历了三次革命和四场战争，并于1917年11月7日向冬宫发射了第一炮，揭开了十月社会主义革命的序幕。

"阿芙乐尔"意为"黎明"或"曙光"，在古罗马神话中是指司晨的女神，舰长124米，舰宽17米，排水量6730吨，舰体修长，通体呈黑色，只有3根巨大的烟囱是鲜亮的黄色。远远望去，巡洋舰非常神气漂亮。

圣彼得堡示意图

青铜骑士
阿芙乐尔号
伊萨基辅大教堂
冬宫
高尔基大剧院
斯莫尔尼宫
维捷布斯克站
起义广场
莫斯科站
国家城市雕塑博物馆
莫斯科胜利公园

现在，该巡洋舰作为军舰博物馆对外开放。该博物馆除了军舰本身外，还有500余件与该舰光荣历史有关的文件和物品。同学们可以通过参观这些物品获得更多关于军舰的知识。

俄罗斯博物馆

俄罗斯博物馆面朝艺术广场，原来叫做米哈伊洛夫宫，是俄罗斯美术的一大博物馆，也是圣彼得堡必去景点之一。

俄罗斯博物馆是俄罗斯实用艺术品收藏最多的博物馆，这里有3.5万件展品，是世界上藏品最丰富的博物馆之一，主要藏有瓷器、玻璃器皿、陶瓷品、贵金属和有色金属制品、纺织品、宗教服饰、家具、木刻和骨雕等。除此之外，这里还藏有古代圣像、油画、素描版画家的作品大全、装饰实用艺术作品。该博物馆以收藏水彩画、雕刻、实用艺术品和民间艺术品著称。冬宫的许多文物在此陈列，还保存有从彼得一世到尼古拉二世沙皇家族的不少物品，如从伊丽莎白·彼得罗夫娜到尼古拉二世沙皇的餐具。游览这里无疑是同学们了解俄罗斯历史文化的最佳之选。

同类推荐

北京是中国的首都，也是中国的十大城市之首。北京曾为六朝都城，是一座有着3000多年历史的古都，在从燕国起的2000多年里，建造了许多颇具皇家风范的宫廷建筑。

北京拥有很多皇家建筑，如故宫，也就是清朝时的紫禁城，是中国乃至全世界现存最大的宫殿；天坛布局合理、构筑精妙，是明、清两代皇帝"祭天"的地方；此外，这里还有圆明园、颐和园等。

来北京游玩，可以看到很多四合院——元代院落式民居，是老北京城最主要的民居建筑；周游北京，还可能看到城池遗址，如城墙、城门、瓮城、角楼、敌台、护城河等。

北京还留存有很多庙宇，如佛教的法源寺、潭柘寺、戒台寺、云居寺、八大处等；道教的白云观等；伊斯兰教的北京牛街礼拜寺等；藏传佛教（喇嘛教）的雍和宫等；天主教的西什库天主堂、王府井天主堂等；基督教的缸瓦市教堂、崇文门教堂等。

北京的自然风景名胜古迹也颇为丰富，如八达岭、十三陵风景名胜保护区、香山公园、银山塔林、白龙潭风景区、野三坡风景区、北京中华民族园、京都第一瀑等。

游学思辨

1 圣彼得堡曾经用过列宁格勒这个名字，为的是纪念伟大的无产阶级革命家列宁。你听说过哪些和列宁有关的故事？

2 俄罗斯的博物馆或艺术馆中，保存有很多艺术珍品，你能举例说出几件印象深刻的吗？

巴黎 Paris

世界艺术之都

　　巴黎位于法国北部巴黎盆地的中央,横跨塞纳河两岸。巴黎是法国的首都,也是法国的最大城市,是著名的世界艺术之都之一,举世闻名的文化旅游胜地。

　　巴黎是一座世界历史名城,有着众多的名胜古迹,如埃菲尔铁塔、凯旋门、爱丽舍宫、凡尔赛宫、卢浮宫、协和广场、巴黎圣母院等,让世界各地的游客流连忘返;这里也有无限美好的自然风光,如美丽的塞纳河,河中心的城岛是巴黎的摇篮和发源地;作为艺术的殿堂,巴黎拥有众多的歌剧院和影院,如著名的巴黎歌剧院位于市中心的奥斯曼大街,整个建筑兼有哥特式和罗马式的风格;庞毕度中心是最前卫的艺术馆,巴黎奥塞美术馆、军事博物馆等也会展示出巴黎不同的文化。

　　此外,巴黎还有很多现代化的建筑,如巴黎著名的繁华大街香榭丽舍大道,生机盎然、美丽如画的卢森堡公园,除美国之外的第二座迪士尼乐园——巴黎迪士尼乐园。

课 文 链 接

中学的课本中，收录了很多与巴黎有关的课文，如北师大版九年级上册《珠宝》、北师大版九年级上册《留学巴黎》、人教版第三册的《巴尔扎克葬词》和冀教版八年级下册的《观巴黎油画记》等。从冼星海先生写的《留学巴黎》中，我们可以感受到，巴黎是学习音乐的理想处所。课文中这样写道：

到了巴黎，找到餐馆跑堂的工作后，就开始跟这位世界名提琴师学提琴。奥别多菲尔先生，过去教xxx兄时，每月收学费200法郎（当时月合华币十元左右）。教我的时候，因打听出我是个做工的，就不收学费。接着我又找到路爱日·加隆先生，跟他学和声学、对位学、赋格曲（一种作曲要经过的课程）。加隆先生是巴黎音乐院的名教授，收学费每月也要200法郎，但他知道我的穷困后，也不收我的学费。我又跟"国民学派"士苛蓝港·多隆姆学校（唱歌学校——是巴黎最有名的音乐院之一，与巴黎音乐院齐名，也是专注重天才。与巴黎音乐院不同之处，是不限制年龄。巴黎音乐院则限20岁上下才有资格入学。它除注意技巧外，对音乐理论更注意)的作曲教授丹地学作曲，他算是我第一个教作曲的教师。以后，我又跟里昂古特先生学作曲。

游学拾贝

① 品味巴黎建筑的艺术特色。

巴黎的建筑独具一格，每个建筑都集多种艺术手法于一身，在欣赏的过程中，要好好感知其艺术特色。

② 参观建筑物，体会巴黎皇室当年的辉煌。

巴黎的很多建筑物都是历史留存下来的，从建筑以及留下来的艺术品中，还能依稀可见巴黎曾经显赫辉煌的皇室家族。

　　巴黎这个城市的建成应该追溯到2000多年前，当时的巴黎还只是塞纳河中间西岱岛上的一个小渔村，岛上被古代高卢部族的"巴黎西人"主宰着。公元前52年，罗马人征服了巴黎地区。公元358年，罗马人在这里建造了宫殿，这年也是巴黎建城的元年。罗马人一开始给这里起名为"鲁特西亚"，意为"沼泽地"；在公元400年左右将其改名巴黎。公元508年，法兰克王国定都巴黎。公元10世纪末，雨果·卡佩国王在巴黎建造了皇宫。又过了几百年后，巴黎的主人成了菲利浦·奥古斯都。此时的巴黎已经日显繁华，其面积已经扩展到塞纳河两岸，这里到处建有教堂和其他建筑，成为当时西方的政治文化中心。

边读边游

埃菲尔铁塔

　　埃菲尔铁塔又名巴黎铁塔，坐落在巴黎战神广场，是一座铁制镂空塔，是巴黎最高的建筑物，也是法国的一个文化象征，埃菲尔铁塔素有"巴黎城市地标之一"的美称，号称"首都的瞭望台"。

　　埃菲尔铁塔总高324米，其中天线高24米，除了四个塔脚是用钢筋水泥外，全身都用钢铁构成。铁塔从1887年始建，分为三层，分别在离地面57米、115米和276米处，从塔座到塔顶共有1711级阶梯。

　　铁塔的三层瞭望台高度不同，不同的视野带给人们不同的情趣。

最高层的瞭望台距离地面高274米，沿着阶梯走到1652级，这里是最适合登高远眺的角度，它能让人有这样的感觉：感受不到巴黎的嘈杂，能看到条条大道条条小巷，像是交叉处无数根宽窄不同的线。

中层瞭望台距离地面115米。游人从这一层可以看到全城的最佳景色：淡黄色的凯旋门城楼、绿荫中的卢浮宫、白色的蒙马圣心教堂……这一层还有一个装潢十分讲究的全景餐厅，专供游人们观赏巴黎的美景。

最下层瞭望台面积最大，设有会议厅、电影厅、餐厅、商店和邮局等各种服务设施。

晚上和白天观察埃菲尔铁塔有着全然不同的感受：白天的铁塔结构分明，高大无比，塞纳河对岸的夏乐宫门口是观赏埃菲尔铁塔的最佳角度。夜间的埃菲尔铁塔别有一副景象，探照灯散发出金色的光芒，再加上无数的灯泡制造的闪烁效果，让铁塔看起来金碧辉煌。

凯旋门

巴黎凯旋门是欧洲100多座凯旋门中最大的一座，是现今世界上最大的一座圆拱门，位于巴黎市中心戴高乐广场中央，是为了纪念拿破仑1806年2月在奥斯特尔里茨战役中打败俄、奥联军而建的。

凯旋门是一座迎接外出征战的军队凯旋的大门，凯旋门高49.54米，宽44.82米，厚22.21米，中心拱门高36.6米，宽14.6米。在凯旋门两面门墩的墙面上，有4组以战争为题材的大型浮雕，其内容分别是出征、胜利、和平、抵抗，其中有些人物雕塑高达五六米。在这些巨型浮雕之上一共有六个平面浮雕，分别讲述了拿破仑时期法国的重要历史事件：马赫索将军的葬礼、阿布奇战役、强渡阿赫高乐大桥、攻占阿莱克桑德里、热玛卑斯战役、奥斯特利茨战役等。

凯旋门的四周都有门，门里面刻的是跟随拿破仑远征的386名将军和96场胜战的名字，门上刻有1792年至1815年间的法国战事史。

凯旋门内设有电梯，游人们可以

乘电梯直达50米高的拱门，也可以沿着273级的螺旋形石梯登梯而上。凯旋门的上面设有一座小型的历史博物馆。馆里面陈列着有关凯旋门建筑史的图片和历史文件，以及拿破仑生平事迹的图片。另外，这里还有两间电影放映室，专门放映一些反映巴黎历史变迁的资料片，用英、法两种语言解说。同学们通过观看电影，可以更深入地了解法国的历史。博物馆顶部还有个大平台，同学们可以在这里一睹巴黎的绝美景色。

卢浮宫

位于巴黎市中心塞纳河北岸的卢浮宫，位居世界四大博物馆之首，是世界著名的艺术殿堂，也是举世瞩目的万宝之宫。

卢浮宫始建于1204年，原本是法国的王宫，居住过50位法国国王和王后，现在是法国文艺复兴时期最珍贵的建筑物之一，以收藏丰富的古典绘画和雕刻而闻名于世。它的整体建筑呈"U"形，占地面积为24公顷，建筑物占地面积为4.8公顷。

卢浮宫东立面全长约172米，高28米，上下依一个完整的柱式分作三部分：底层是基座，中段是两层高的巨柱式柱子，再上面是檐部和女儿墙。主体是由双柱形成的空柱廊。其东立面在高高的基座上开小小的门洞供人出入。其大厅的四壁及顶部都有精美的壁画及精细的浮雕。

卢浮宫共分希腊罗马艺术馆、埃及艺术馆、东方艺术馆、绘画馆、雕刻

馆和装饰艺术馆等6个部分。这里拥有的艺术收藏达40万件以上，主要藏有古代埃及、希腊、埃特鲁里亚、罗马、东方各国等的艺术品，还有从中世纪到现代的雕塑作品，还有大量的王室珍玩以及绘画精品等等。其中，雕像《维纳斯》、油画《蒙娜丽莎》和石雕《胜利女神》被誉为世界三宝。法国的艺术瑰宝以及发展在罗浮宫里一览无余。

巴黎圣母院

巴黎圣母院大教堂是一座位于巴黎市中心西堤岛上的教堂建筑，也是天主教巴黎总教区的主教座堂。

圣母院约建造于1163年到1250年间，属哥特式建筑形式，是法兰西岛地区的哥特式教堂群里面具有关键代表意义的一座。

巴黎圣母院的建造全部采用石材，其巨大的门四周布满了雕像，一层接着一层，石像越往里层越小。教堂的顶端耸立着钟塔和尖塔，其立柱和装饰带把立面分为9块小的黄金比矩形。圣母院的平面呈横翼较短的十字形，正面高69米，被三条横向装饰带划分为三层：底层有3个桃形门洞，中央的拱门描述的是耶稣在天庭的"最后审判"；教堂最古老的雕像位于右边拱门，描述的是圣安娜的故事；左边是圣母门，描绘的是圣母受难复活、被圣者和天使围绕的情形。拱门的上方是众王廊，陈列着旧约

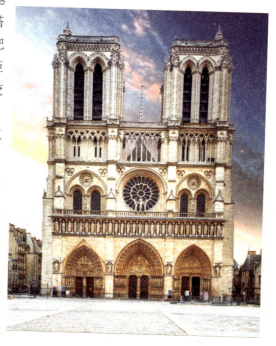

时期的28位君王的雕像。"长廊"上面第二层两侧为两个巨大的石质中棂窗子，中间是彩色玻璃窗；第三层是一排细长的雕花拱形石栏杆。

走进教堂，几排直径5米的大圆柱将内部分为五个殿，内部并排着两列长柱子，柱子高达24米，直通屋顶。主殿翼部的两端都有玫瑰花状的大圆窗，上面全是13世纪时制作的彩绘玻璃书。北边那根圆柱上是著名的"巴黎

圣母"像。圣母院内右侧安放着一排排烛台。

整座大厅可容纳9000人，里面摆置有很多的壁画、雕塑、圣像，厅内的大管风琴也很有名，共有6000根音管，音色浑厚响亮。此外，圣母院还有一个地下考古墓室，收集了从罗马时代开始的这个城市的遗迹。值得一提的是，法国文学家维克多·雨果以这里为背景，写出了风靡全球的文学巨著《巴黎圣母院》；现在，这部小说已经被改编为电影和电视剧，有兴趣的同学可以看一看。

拉雪兹神父公墓

位于巴黎东部的拉雪兹神父公墓，正式名称是"东部公墓"。它的名字来源于"太阳王"路易十四的忏悔神父，1804年，这里被改为公墓。

拉雪兹神父公墓占地0.4平方千米，是巴黎市内最大的墓地，也是世界上最著名的墓地之一，更是五场大战争的纪念地。这里有69000多座坟墓，很多都有精雕细刻的墓碑、塑像、棺椁，有些还有华丽的墓室。这里埋葬有很多名人，如肖邦、莫里哀、巴尔扎克、普鲁斯特等，慕名而来的游客可谓络绎不绝。此外，巴黎公社社员墙也在此，这里曾是巴黎公社社员壮烈牺牲的地方。由此可见法国政府对于这些对国家曾经做出贡献的人的重视和敬仰。

格雷万蜡像馆

格雷万蜡像馆位于巴黎第九区蒙马特大街10号，是一座经过改建的古老

建筑，还保留着洛可可式的建筑风格。

在一层大厅里，有很多著名人物的蜡像，如自戴高乐以后的历届法国总统、著名的政治家、艺术家、电影明星、电视明星、运动员等，其中还有毛泽东和邓小平的蜡像。蜡像馆中的蜡像的相貌肤色与真人几乎一模一样，令参观者难以分辨真假。

在蜡像馆的地下室里，有将近60个场景被展出，再现了法国一些著名的历史人物和历史事件。场景中的有些器具是当年用过的历史文物。如"马尔梅松的晚会"上的吊灯、艺术品和家具等。

蜡像馆里还有一个幻影厅，可容纳七八十人，四周饰有不同形状的玻璃，玻璃的四周是五颜六色的彩灯，屋顶上还有一些稀奇古怪的装饰和布景，演出时靠灯光、布景和玻璃的反射制造出种种奇妙的幻影。蜡像馆可谓是有名的遗址，在展厅中，博物馆使用了大量文物、名人用过的实物及艺术品等，再结合蜡像来布置出当年名人生活的环境。比方说，法国著名作家雨果的蜡像周边就有雨果的作品、雨果赠送给蜡像馆的羽毛笔及雨果的手模等。

巴黎示意图

科学和工业城
圣心教堂
议会大厦
肖蒙高地公园
凯旋门
国家图书馆
爱丽舍宫
蓬皮杜文化艺术中心
卢浮宫
布洛涅树林
夏乐宫 国民议会大厦
荣军院
巴黎圣母院
拉雪兹神父公墓
埃菲尔铁塔
卢森堡宫
联合国教育科学及文化组织部
索邦大学
奥斯特利火车站
万塞内树林
伊西莱穆利诺堡
博览会公园
伊西莱穆利诺堡

同类推荐

沈阳是国家历史文化名城，有2300多年建城史，素有"一朝发祥地，两代帝王都"之称，是中国最重要的以装备制造业为主的重工业基地，有着"共和国长子"和"东方鲁尔"的美誉。

沈阳城里面有三处世界文化遗产：清太祖努尔哈赤、清太宗皇太极建造的沈阳故宫，满清第二代君主皇太极与孝端文皇后的沈阳北陵，清太祖努尔哈赤及其皇后叶赫那拉氏的东陵。其中沈阳故宫是中国现今仅存最完整的两座皇宫建筑群之一，同学们可以比较一下它与北京的紫禁城有何异同。

如若还想游览更多的古迹和遗址，可以到这些地方看一看：辽滨塔是古代著名的渡口和交通要道；具有百年历史的西塔街全长682米，是仅次于美国韩国街的世界第二大的朝鲜族风情街；新乐遗址是距今7200多年前原始社会新石器时代早期的一处母系氏族公社聚居村落遗址。此外，沈阳还有一些红色遗址，如中共满洲省委旧址、周恩来少年读书旧址等。

沈阳有众多历史博物馆，如综合性的辽宁省博物馆，集中展现东北老工业区工业文脉的铸造的沈阳铸造博物馆，展示九一八事变经过的沈阳九一八历史博物馆。这些定会满足喜欢历史文化的同学。沈阳还有很多现代化建筑，如集旅游观光、餐饮、娱乐于一体的多功能广播电视塔——彩电塔，全国最大的蜡像馆——中国古代著名历史人物蜡像馆也建在沈阳。此外，沈阳的自然景区有棋盘山国际风景旅游开发区、怪坡风景区、沈阳森林野生动物园、沈紫烟薰衣草庄园等。

游学思辨

1 结合历史课本中的拿破仑战争、攻占巴士底狱等历史事件，讲一讲在历史课上学到的有关法国的战争。

2 读法国作家雨果的著名作品《巴黎圣母院》，说说在这个故事中，最令你感动的是什么。

华沙 **Warsaw**

世界上绿化最好的城市

　　波兰首都华沙是波兰第一大城市，也是一座历史名城，它被誉为"绿色首都"，是世界上绿化最好的城市。虽然它在第二次世界大战中遭到了严重的破坏，但是经过了几十年的修复后，这里重现了往日的美丽。

　　华沙城内保留有大量的历史纪念物和名胜古迹，它们大多集中在老城区，被称为"华沙古城"；这里是华沙最古老的地方，也是首都最有特色的景点之一，它已于1980年被联合国教科文组织列入《世界遗产名录》。这里具有宏伟的宫殿和巨大的教堂，各式各样的箭楼、城堡等，其建筑大多以红色尖顶建筑群为主，其四周还环绕着采用红砖砌成的13世纪的内墙和14世纪的外墙，四角有高耸的古式城堡。

　　华沙古城中著名的古老建筑有被誉为"波兰民族文化纪念碑"的昔日皇宫、华沙最美丽壮观的巴洛克式建筑克拉辛斯基宫、波兰古典主义建筑杰出代表作瓦津基宫以及圣十字教堂、圣约翰教堂、罗马教堂、俄罗斯教堂等。城区里还有众多的纪念碑、雕像或铸像，其中，维斯瓦河畔的美人鱼青铜雕像被誉为华沙的城徽图案。此外，居里夫人博物馆也坐落在老城中。

课文链接

波兰也是第二次世界大战的受害国家。苏教版必修2中的课文《消息二则》其中的一篇《勃兰特下跪赎罪受到称赞》中提到了华沙，可以从课文的叙述中知道这里曾经有过战争：

1970年12月7日，大雪过后，东欧最寒冷的一天。对捷克、波兰进行国事访问期间，当时的联邦德国总理维利·勃兰特冒着凛冽的寒风来到华沙波兰犹太人死难者纪念碑下。他向纪念碑献上花圈后，肃穆垂首，突然双腿下跪，并发出祈祷："上帝饶恕我们吧，愿苦难的灵魂得到安宁。"勃兰特以此举向二战中无辜被纳粹党杀害的犹太人表示沉痛哀悼，并虔诚地为纳粹时代的德国认罪、赎罪。

当时的联邦德国总统赫利同时向全世界发表了著名的赎罪书，消息传来，世界各国爱好和平的人们无不拍手称赞。1971年12月20日，勃兰特被授予诺贝尔和平奖。

游学拾贝

① 在参观中了解战争的罪恶。

华沙的很多著名建筑都经过了重建，战争带给人的不仅是人员的伤亡，也是对古文明的破坏。

② 体会当代人对和平的向往。

美人鱼雕像等寄托了人们对和平的向往，体会创造者的用意，并珍惜现在的美好生活。

华沙这个城市名字的背后，有着一段美丽动人的故事。在波兰语中，"华沙"念作"华尔沙娃"，这个名称是为了纪念一对名叫"华尔"和"沙娃"的恋人。

传说在临近波兰的海边，经常有美人鱼出入。当时，有一个名叫"华尔"的小伙子和一个名叫"沙娃"的姑娘一起来到波兰的首都华沙，想要打造出属于自己的一片新天地。海中的那条美人鱼见证了他们的努力，也一直在想方设法地保护他们。渐渐地，这里逐渐发展成为一座城市，后人为了纪念他们，就用两人名字的合称"华沙"给这座城市命名，并且还把美人鱼形象作为华沙的城徽。

1936年，波兰著名的雕刻家鲁德维卡·克拉科夫斯卡——尼茨霍娃女士从这个传说获得了灵感，开始雕刻美人鱼的雕像：上身是一名美丽的姑娘，下身是鱼尾。这尊美人鱼形象很高大，而且姑娘昂首挺胸，左手紧紧地握着盾牌，右手则高高地举着利剑，与很多作品中的美人鱼形象大为不同。原来，当时的欧洲正面临着频繁的战争，作者对祖国的命运很担忧，于是就决心塑造一个保护祖国的英雄形象。

如今的美人鱼雕像依然保留着，吸引着很多游客前来观赏。

边读边游

城堡广场

华沙城堡广场又名王宫广场，是位于华沙老城区南端的一个巨大的广场。

广场内的华沙王宫又叫华沙城堡，建于13世纪末。整座建筑呈五角形，在二战期间曾经遭受过破坏，后来于1971年又进行了重建。

王宫广场的南端，有一根花岗石圆柱立在那里，其顶端是奇格蒙特三世的青铜铸像。广场上的王宫画廊里陈列的全部是波兰历史上较有名的画家所描绘的波兰史画。游人可以乘坐观光马车一览广场风貌。

圣十字教堂

圣十字教堂是华沙市中心的一座天主教堂，位于克拉科夫郊区街，是华沙最著名的巴洛克式教堂之一。

　　这座教堂始建于1682年，在"二战"期间被毁后，又进行了重建。圣十字教堂是由意大利著名建筑师贝洛蒂设计建成的，其中央高耸的双塔完成于18世纪中期，正面是由内嵌式的爱奥尼亚式柱廊支撑，壁龛分别有圣彼得及圣保罗雕像，双塔之间有精美雕塑围绕的十字架。教堂内部有具有巴洛克风格的祭坛，它的两边各连着一个礼拜堂，沿着到礼拜堂的过道能看到墙上刻着的圣像，祭坛的南翼是1719年至1722年制成的黑色大理石巴洛克式墓碑，里面葬的是拉济维斯基。此外，圣十字教堂内部还埋葬有很多波兰出色的艺术家和科学家，并且有一系列的雕像，如著名音乐家肖邦。据说，肖邦的心脏目前保存在教堂左边第二根廊柱中，廊柱上面还雕有肖邦生平取得的成绩作为装饰。由此可见肖邦在波兰人民心里的重要位置。

维拉努夫宫

　　维拉努夫宫又叫夏宫，位于华沙城南10千米，这里曾经是波兰国王的夏宫。

　　维拉努夫宫分为宫殿、橘园、公园三部分，是一组造型别致的巴洛克建筑群，有人将这里称做波兰的"凡尔赛宫"。整座宫殿被面积为43公顷的大花园环绕，园中有橘园、英国式花园和中国花园。宫殿的园区有漂亮的庭院以及一些小动物，同学们可以在这里悠闲地散步，也可以蹲下来和这些小动物玩耍。要是赶上夏季到来，还能观看到很多有趣的表演。

瓦津基公园

华沙城区的瓦津基公园是波兰最美丽的公园之一，具有英国园林风格。因公园里面有肖邦的雕像，所以中国人又叫它"肖邦公园"。

园内不仅有宫殿、楼阁、池沼和草地，还有玫瑰园、柑橘园等。

最负盛名的水上宫殿——瓦津基宫就在园内，这里原来是皇室官员的住处，现在是国宾馆之一。宫殿中央是悬挂吊灯的圆形大厅，其四周建筑的装饰也别有一番情趣。据介绍，殿中曾存放着200幅画、60件艺术品、17台钟表和80座雕像。如果从远处观望这座建筑物，会看到岛上宫殿与水中倒影浑然一体，美不胜收。

梅希莱维茨基宫在瓦津基宫东北方向不远的地方，这座宫殿保存完好。园内的肖邦雕像是在二战遭受破坏后，又于1958年重修的。在肖邦协会的组织下，每年6—9月的周末，都要在肖邦雕像下举行露天音乐会。

同类推荐

　　我国江苏省的南京市拥有近2600年建城史和近500年的建都史，是中国四大古都之一，有"六朝古都""十朝都会"之称，有"天下文枢""东南第一学"的美誉。

　　在第二次世界大战期间，南京遭遇了日本法西斯的屠城，当时的死亡人数达30万以上。如今，侵华日军南京大屠杀遇难同胞纪念馆被列为国家一级博物馆，是游客们来南京之首选。此外，这里的红色之旅还有雨花台、中共代表团梅园新村纪念馆、渡江胜利纪念馆（新南京渡江胜利纪念馆）、静海寺等。

　　1368年，朱元璋定都南京，建立了大明王朝。如今，南京城有很多明代的遗址，是喜爱古迹的同学的首选，如明孝陵、明故宫遗址、西安门遗址、东水关等，其中，六朝古都怀古游包括的地点有台城、鸡鸣寺、玄武湖等；南京民国时代的建筑包括中山码头、原国民政府旧址、鼓楼医院、中国第二历史档案馆、南京博物院等；同学们若想体验秦淮风情，可到秦淮风光带、王谢故居、秦大士故居、李香君故居等地一饱眼福。

1　很多童话或者神话都描述过美人鱼的故事，讲一讲你所知道的美人鱼的故事，并说说在现实中它的学名以及生活习性。

2　在你所知道的历史人物中，有哪些是出生于波兰的? 你能讲讲有关他（她）们的事情吗?

里约热内卢 Rio de Janeiro

巴西"第二首都"

　　里约热内卢是巴西的第二大城市，仅次于圣保罗，又被称为巴西的"第二首都"。它不仅是著名的国际化大都市，也是全国最大的进口港和经济中心。里约热内卢港是世界三大天然良港之一，里约热内卢基督像是该市的标志，也是世界新七大奇迹之一。这里有世界最大的马拉卡纳体育场。

　　里约热内卢是世界著名的旅游胜地。这里景点众多，著名景点有耶稣山、面包山、尼特罗伊大桥、马拉卡纳体育场、瓜纳巴拉湾、蒂茹卡国家森林公园等。这里有海滩30多处，其中最有名的是科帕卡巴纳海滩和依巴内玛海滩。这里还存有众多的教堂，如坎德拉利亚教堂、老里约大教堂以及现代的里约大教堂。

　　在里约热内卢，人们随处可见保存完好的古建筑物，它们大多已被辟为纪念馆或博物馆。巴西的国立博物馆，就是当今世界最著名的大博物馆之一，收藏的物品共有100多万件。

课 文 链 接

　　巴西人民对足球非常狂热，里约热内卢还拥有世界上最大的足球场——马拉卡纳体育场。语文版七年级下册《第一千个球》是巴西球王贝利写的曾经取得胜利的一场球赛的精彩记录，其发生的地点正是约热内卢。文章中这样描绘当时的精彩场面：

　　次日，我进了一千个球和美国宇宙航行员康莱特、比恩第二次登上月球的新闻，平分了巴西报纸的头版。在我看来，这两件事的重要性简直无法相提并论。不只一次而是两次把人送上月球，比发生在足球场上的任何事当然重要得多。但在那时候，我还是为自己终于破了千球大关而感到十分高兴。那个球是在我的第九百零九场比赛中踢进的。它使我卸下了一个思想包袱，从此可以把注意力集中于一件更重要的事——即将来临的1970年世界杯赛。

游学拾贝

❶ 体会巴西的星球、桑巴等文娱项目的乐趣。

　　足球和狂欢节等是巴西一些现代化的娱乐项目，在游玩过程中，体会其不同于以往在古迹等风景和建筑中体会到的乐趣。

❷ 感受港口城市不同寻常的自然风光。

　　里约热内卢是巴西的港口城市，由于其濒临海边，使得这里有着优美的自然风光。

　　巴西狂欢节是世界上最大也是最奔放的狂欢节，其中最负盛名的是里约热内卢的狂欢节，它是世界上最著名、最令人神往的盛会。

　　这个盛会可谓最能体现巴西传统和狂欢节精神的活动。在这期间，所有人都高兴地涌上街头，他们不分种族和贫贱，不管男女还是老少，大家全都浓妆艳抹，狂歌劲舞，尽情发泄自己心中的兴奋。

　　狂欢节中最精彩的部分当属桑巴游行，在那天，人们会选出"国王"和"王后"，然后让其由大型彩车簇拥着领先开路，其后面跟着具有魔鬼身材的拉丁女郎，只见她们身穿比基尼或上身全裸，与自己的男舞伴跳着热情奔放的桑巴，将气氛搞得非常火热，就连观看的游客也会热情地融入其中。

　　让我们来一睹这座热情城市的风采吧！

边读
边游

里约大教堂

　　里约大教堂又被称天梯教堂，位于里约热内卢的中心，是为了纪念被罗马皇帝杀害的天主教圣徒圣塞巴斯蒂安而建造的。教堂造型独特，气势恢宏，是里约热内卢的标志性建筑之一，风格不同于以往的欧洲古老典雅教堂。

　　里约大教堂始建于1964年，1976年落成使用，是一座钢筋水泥结构的现代化建筑，教堂呈圆锥形，高75米，底径106米。

　　走近教堂，可以看到教堂正门的教皇保罗二世的铜质塑像，教堂的左侧是顶端竖立着十字架的钟楼。教堂的主体建筑都由规整的框架结构以及方框构成，从外面望去，像是一架高耸入云的天梯，呈带状分布的落地玻璃更是显得气派而又美丽。

　　教堂里面宽敞高大，可以容纳两万人。教堂的顶端是用玻璃制成的巨大的十字架造型棚顶，十字架的四端连接着彩绘玻璃窗一直垂到地面。讲礼台上方，悬挂着硕大的木刻的耶稣受难雕像。讲礼台的后面是小礼拜堂和忏悔室，其四周雕刻有圣母玛利亚怀抱儿时耶稣的雕塑。讲礼台前面是礼拜堂，规模很大，显得空旷开阔。

耶稣像

　　耶稣山高709米，是观光里约热内卢的最理想的地方，山上有一巨型耶稣基督像。该雕像是为纪念巴西独立运动成功而建，堪称里约热内卢的象征。

　　雕像坐落在驼峰山的擎天柱石上，其总高38米，头部长近4米，钉在受难十字架上的两手伸展宽度达28米。整座雕像是用钢筋混凝土堆砌雕塑而成，重量达1000吨以上。

　　圣像展开双臂，像是在迎接来自四面八方的游人，在白天时候观察，它映衬在蓝天下，头上还有很多白云缭绕；晚上，雕像庞大的银灰色身躯被强烈的探照灯光映射着，看起来神圣无边。由此可见巴西人民对耶稣的信仰和崇拜之情。

面包山

　　面包山位于瓜纳巴拉湾入口处，是里约热内卢的象征之一，因山体的外形酷似面包而得名。

　　面包山高394米，登上山顶可将里约热内卢全景尽收眼底。整座山由两个山头组成，一个像立起的面包，另一个像平放的面包，加上山的表面光滑，好像抹上了糠浆，所以被命名为"甜面包山"。整座山体比较陡峭，四壁光滑。如若想观赏里约热内卢的全城风貌，面包山可谓是最佳之选地，里约热内卢的市容在这里被展示得一览无余：如瓜纳巴拉海湾、博塔福戈海滩、海滨大道、高楼大厦等。

国立博物馆

　　里约热内卢国立博物馆位于博阿维斯塔公园里，里面有藏品100多万

件，其中有拉美古老民族印第安人使用的各种武器、服饰、日用器皿，还有成千上万种巴西矿石和动物标本，以及各个历史时期的文献资料等。

博物馆中最为名贵的是世界上最大的陨石，它重达5360千克，发现于巴西东北部的巴伊亚州。这里还收藏着在巴西1975年出土的人类头骨。科学家们考察后认为，这块头骨距今已有1万多年，是美洲最古老的人类化石。

萨尔多瓦古城

在感受了里约热内卢的热情洋溢之后，一定要去巴西第一座首都——萨尔多瓦古城游览一下，因为那里可谓是一座未受到现代文明过分"侵袭"的古城，保留着很多的历史遗迹。

古城里有很多雕工精细的巴洛克式教堂、民宅、广场，人工采集的铺路石片也是很好的历史遗迹；由于这里曾为殖民地，这里还保留有很多拉丁美洲最大的欧洲殖民统治时期的建筑群落。

古城中最具特色的是160多座教堂，这些教堂大部分古老而精美，一类是早期的哥特式风格，线条明快气势恢宏；另一类是巴洛克风格和洛可可风格，豪华富丽，线条起伏而有气势。我们可以从古城中了解到巴西的建筑特色以及文化发展状况。

伊瓜苏大瀑布

来巴西怎么能不去看伊瓜苏大瀑布呢！它可是世界上最宽的瀑布，是世界五大瀑布之一，位于阿根廷与巴西边界上伊瓜苏河与巴拉那河合流点上游23千米处，已经被联合国教科文组织列为世界自然遗产。

伊瓜苏大瀑布为马蹄形状，高82米，宽4千米，平均落差75米。它是北美洲尼亚加拉瀑布宽度的4倍，比非洲的维多利亚瀑布大一些。该瀑布跌落时会分为275股急流或泻瀑，高度60—82米不等。此时的水花飞腾，产生如彩虹幔帐般的景色。从瀑布底部向空中还会升起近152米的雾幕，如若与彩虹映衬在一起，就会非常壮观。

伊瓜苏大瀑布最大的特色就是有众多的观赏点。同学们可以从不同地点、不同方向、不同高度，看到不同的景象。峡谷顶部是瀑布的中心，这里也是水流最大、最猛的地方，人称"魔鬼喉"，美好风景不容错过。

同类推荐

我国天津被誉为"海河之畔的一颗渤海明珠"，是中国北方第一大港口城市，位于滨海新区的天津港是世界等级最高、中国最大的人工深水港，而且吞吐量还是居世界第四的综合性港口。这里的建筑既有西方殖民时代的烙印，又饱含传统的中华民俗，具有"万国建筑博物馆"的美称。

天津是我国著名的历史文化名城。这里现有全国重点文物保护单位15处，包括独乐寺、大沽口炮台、望海楼教堂、义和团吕祖堂坛口遗址等。黄崖关古长城还被列为世界文化遗产。

天津有很多欧式建筑，我们可以不用到国外就能领略到外国建筑的风骚，同学们定会从中感受到浓郁的异域风情。其中的建筑包括英国的中古式、德国的哥特式、法国的罗曼式、俄国的古典式、希腊的雅典式、日本的帝冠式等"小洋楼"，意大利风情区和五大道等都值得一看。

天津还有很多具有现代化气息的景点供我们参观，如融合中国传统折纸艺术元素的现代风格建筑津塔、拉德芳斯区新凯旋门风格的津门建筑群、玻璃与钢结构形如天鹅的天津博物馆、跨越海河永乐桥上的摩天轮天津之眼。此外，这里也有很多大型体育场，如天津奥林匹克中心体育场等。这些地方都不失为同学们感受现代化建筑的佳选。

1 足球是大家都很熟悉的一项体育运动，你熟知的球星是谁？能否讲述一下他所取得的成就？

2 从前面的介绍我们知道，里约热内卢和天津都属于港口城市，你还知道我国的哪些港口城市，能不能列举出一些来呢？

哥本哈根 Copenhagen

最具童话色彩的城市

　　哥本哈根坐落于丹麦西兰岛东部，是丹麦的首都、最大城市及最大港口，也是北欧最大的城市。

　　哥本哈根市是一个集现代化建筑和古代建筑于一体的城市。在众多古建筑物中，最有代表性的是一些古老的宫堡，如坐落在市中心的克里斯蒂安堡。这里至今还保存着当时修建的炮台和兵器。哥本哈根这个城市充满浓郁的艺术气息，有阿肯艺术中心、路易斯安娜博物馆、国家博物馆等众多艺术博物馆。此外，蒂沃利公园和美人鱼像可以说是哥本哈根的象征。

课 文 链 接

　　提起丹麦，相信很多同学会第一时间联想到丹麦著名童话作家安徒生，但却很少有人关注它的首都哥本哈根。语文版八年级下册中的《奥伊达的理想》中提到了哥本哈根，课文中这样写道：

　　后来，奥伊达当然是到了哥本哈根。但他没有去成奥斯陆和斯德哥尔摩。丹麦航空公司安排他在哥本哈根住了几天。公司还派人带奥伊达在哥本哈根逛了一圈，但明确告诉奥伊达，他太小了，根本不能去北极探险，那样太危险。当然，他们也忘不了摸摸垂头丧气的奥伊达的卷发，鼓励他长大了再去北极探险。

　　再后来，奥伊达就被丹麦航空公司送回墨尔本了。这回，奥伊达坐的可是公务舱；在飞机场，奥伊达还受到了热烈的欢迎。在机场等候奥伊达回国的，不光有奥伊达的爸爸妈妈，还有他的好朋友和学校的老师，甚至还有新闻记者。这时，奥伊达才明白，自己虽然没有去成北极，但已经成了名人，因为丹麦航空公司把奥伊达混进飞机的事捅了出去，结果世界各地都纷纷报道了十岁澳洲男孩奥伊达的冒险经过。

游学拾贝

① 在游览王宫的过程中体会王室生活。

　　王宫及城堡中大多保留有曾经的建筑及结构，我们可以试着想象一下当时的场景，体会王宫贵族们当年奢华的生活。

② 体会带有象征意义的景点对于这座城市的意义。

　　大多城市具有象征意义的景点，深究建造师们创作它们的动机并体会其对整个城市的意义之所在。

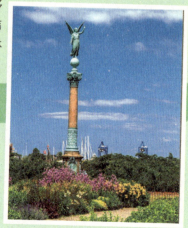

哥本哈根是安徒生生活了大半生的地方。安徒生11岁时，父亲病逝，母亲改嫁。14岁的时候，他自己一个人来到了丹麦首都哥本哈根。后来，他又升入哥本哈根大学读书。毕业后，他在哥本哈根主要靠稿费维持生活，直至逝世。

他创作的最著名的童话故事有《小锡兵》《海的女儿》《拇指姑娘》《卖火柴的小女孩》《丑小鸭》《皇帝的新装》等。他的作品《安徒生童话》已经被译为150多种语言，成千上万册童话书在全球陆续发行和出版。

这座童话之城更是有着非常多的美丽建筑，让我们共同来游览一番吧。

边读边游

克里斯蒂安堡宫

位于哥本哈根的克里斯蒂安堡宫最早建于1773—1775年间，是丹麦国王克里斯钦六世为了享乐而建立的，是一座显赫、华丽、舒适的新宫。由于这里曾经是克里斯蒂安六世国王的寝宫，所以叫做克里斯蒂安堡宫。

克里斯蒂安堡宫具有欧洲18世纪洛可可式的建筑风格，宫殿中心矗立着一个高塔，青铜尖塔的针顶还有风向标，看起来既古典又文艺。皇宫的里面也很奢华，楼梯甚至也被加上了金饰，欧式雕塑和精美的壁画随处可见，此外，这里的水晶吊灯、法国式家具、各类艺术品琳琅满目。

腓特列教堂

腓特列教堂是丹麦最大的圆顶教堂，位于哥本哈根市皇宫广场对面。由于该建筑大量使用了丹麦及挪威出产的大理石，因此当地人亲切地称之为"大理石教堂"。

走入大理石教堂，同学们定会被眼前的教堂中巨大

的圆顶所折服，圆顶的直径为30米，上面绘有耶稣的12个使徒的画像。教堂整个内部的装饰与绘画庄重、威严、高贵，同学们可在教堂中静静地欣赏和领略宗教的不朽、庄严与神圣。

趣伏里公园

趣伏里公园是哥本哈根著名的游乐园和休闲公园，也是世界上历史最悠久的游乐园之一。

这座公园占地八万平方米，走进公园向右看，可以发现趣伏里的创立者乔治·卡斯坦森的铜像：他头戴高顶礼帽，持一柄手杖，以翩翩绅士风度欢迎人们走进他的游乐园。园内主要建有哑剧院、中国塔、一段中国长城、趣伏里音乐厅等，定会备受同学们的喜爱。此外，这里还有露天舞台及许

多娱乐设施、餐馆。

公园中的一大特色是花卉展览，这里以种植在园地里的花簇图案取胜。它的另一特色是水景，其人造喷泉、池塘、水潭、运河等都别具一格。

罗森堡宫

在哥本哈根东北面有一座富丽堂皇的宫殿——罗森堡宫，它属于文艺复兴式建筑，原先是16世纪丹麦国王克里斯钦安四世所建的夏季宫殿。现在被用于存放皇家的私人珍宝，同时也作为博物馆对外开放。

整座楼用的是荷兰在文艺复兴时期普遍采用的红墙来点缀灰色沙石的风格。整个城堡被一整条护城河围绕，城堡的北面，有一座吊桥通向城堡的主入口，通过城堡南面建在花园里面的"绿桥"也可以离开城堡。

这里珍藏的稀世珍宝数以万计，具有特色的有充满魅力的各种陶瓷、极富价值的出土文物、精美绝伦的大理石雕像、脍炙人口的油画名作、珍贵的金银首饰等等，这里的镇馆之宝——克里斯蒂安四世和五世的王冠可谓价值连城。在参观的过程中，我们仿佛看到了丹麦曾经辉煌的历史。

同学们还可以沿着宫殿中的旋转石梯参观这里大大小小的房间、大厅，特别要说明的是，这里的墙壁、家具、摆设或是壁画等装饰品，都是当年丹麦皇室的物品，极具观赏价值。

菲特烈堡

　　菲特烈堡坐落在哥本哈根所在的西兰岛北部，是一座宫殿式的城堡；该建筑被湖水围绕，并分布在三座小岛上。古堡已有400多年历史，现主体建筑被辟为专门珍藏皇家用品、艺术珍品和展示丹麦历史的名贵油画的国家历史博物馆。

　　菲特烈堡所在的北部小岛上建有国王厅、王后厅、王子厅和王家教堂，是国王的主要活动场所。中间的小岛上有两排东西对称的建筑，城堡内的厅室殿堂均用红砖砌就，白沙石装饰。建筑群中最醒目的是高92米的王室教堂，它的尖形塔顶与其他建筑的尖形塔顶，构成了当时特有的建筑风格。

　　城堡中央的院子里有座十分著名的喷泉。喷泉中央是用白沙石砌成的四边形的多层塔柱。顶部是一座手握三叉戟神采奕奕的海神尼普顿铜像，底部有一组铜铸的各种神像。每个神像都喷涌水柱，交叉成对称、规则的图案。喷泉底座用大理石和花岗石砌成，四周有细孔围绕。

　　此外，城堡中的菲特烈堡博物馆中藏有大量珍贵的展品，从这些展品中，同学们可以感受到丹麦悠久的历史和文化传统。

同类推荐

　　澳门位于珠江三角洲西南部，属于一个融东西方文化为一体的风貌独特的城市，留下了大量的历史文化遗迹，澳门历史城区已经被列为世界文化遗产。

　　澳门历史城区是一片以澳门旧城区为核心的历史街区，这里有诸多历史文化景点，是喜爱历史的同学们的首选，如妈阁庙前地、耶稣会纪念广场、圣老楞佐教堂、圣若瑟修院及圣堂、哪吒庙、旧城墙遗址、大炮台、圣安多尼教堂等；澳门的现代建筑也别具一格，如澳门旅游塔、金莲花广场、融和门、渔人码头、氹仔大桥等；澳门有诸多博物馆，如孙中山市政纪念公园、天主教艺术博物馆、澳门酒类博物馆等，将澳门的文化展示得一览无余。此外，澳门还有一些景色别致的公园，如螺丝山公园、石排湾公园等。

1 你在童年时代读过安徒生写的童话故事吗？能复述其中一个你特别喜欢的故事吗？

2 你心中的城堡是什么样子的？在纸上画一个草图，并将它和景点中介绍的进行对比，看看有什么异同。

费城 **Philadelphia**

美国历史名城

　　费城位于美国宾夕法尼亚州东南部，是德拉瓦河谷都会区的中心城市，费城别称"友爱之城"，曾是美国的首都，是美国最具历史意义的城市，费城港是世界最大的河口港之一。

　　费城中有很多著名的旅游景点，如自由钟、独立宫、费城艺术博物馆、芒特公园、罗丹博物馆、中国城、宾夕法尼亚大学等。

　　其中，市区东部的中国城是全美最大最早的中国城之一；蒙特公园占地1600公顷，是世界上最大的城市公园，公园中有1876年美国独立百年博览会会址。在费城的东面有很多历史遗址，如1730年建立的独立广场现在是国家独立公园的一部分，卡本特厅是第一次大陆会议的会址。

课 文 链 接

费城是美国的一座历史悠久的城市。浙教版七年级下册的课文《走一步，再走一步》中提到了费城，文中这样介绍到：

那是费城7月里一个闷热的日子，虽然时隔五十七年，可那种闷热我至今还能感觉得到。当时和我一起的五个小男孩，因为玩弹子游戏玩厌了，都想找些新的花样来玩。

"嗨!"内德说，"我们很久没有爬悬崖了。"

"我们现在就去爬吧!"有个孩子叫道。他们就朝一座悬崖飞跑而去。

我一时拿不定主意。虽然我很希望自己也能像他们那样活泼勇敢，但是自我出世以后，八年来我一直有病，而且我的心里一直牢记着母亲叫我不要冒险的训诫。

游学拾贝

① 了解古遗址背后的历史事件。

在参观的过程中，了解古遗址背后的故事，将当时事件发生的情景融入到所参观的景点中，体会事件的历史意义。

② 感受费城的历史文化氛围。

费城曾经是美国的首都，有着浓郁的历史文化氛围，在游览中细细地体会这个国家对自由的向往。

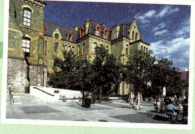

美国，拍摄了很多以费城为背景的精彩影片，如《费城实验》。这是一部科幻影片，讲述的是在1943年10月，美国海军在费城进行了一次人工强磁场的机密实验，也就是著名的"费城实验"，实验成功地将一艘驱逐舰及全体船员投入到了另一空间中。在实验过程中，实验人员启动脉冲和非脉冲器，使船只周围形成了一个巨大的磁场。随后整条船在一团绿光的笼罩下，渐渐地从人们的视线里消失了。实验结束后，人们发现，这艘舰船已经被移送到了479千米以外的诺福克。影片精彩震撼，堪称经典之作。

边读边游

很多人看过影片后对费城都产生了兴趣，这次就让我们在费城尽情畅游一番吧。

费城艺术博物馆

费城艺术博物馆是一幢古希腊神庙式建筑，位于费城市区西北26街和富兰克林公园大道交叉处，号称全美第三大艺术馆。

博物馆中收藏的艺术品多达30多万件，其中以法国印象派作品最为著名，也是相关作品在全美收藏最多的地方。馆内有20个展室，展出了各种艺术品，其中包括著名油画家凡·高的《向日葵》、雷诺阿的《沐浴者》、毕加索的《三个音乐师》。博物馆内收藏的美国家具、雕刻、手工艺品也较多。此外，博物馆中也收藏了中国的许多文物，如唐代观音像等。同学们可以在这里了解到美国的艺术以及文化史。

独立宫

独立宫是美国著名的历史纪念建筑，也是美国独立的象征，坐落于费城国家独立历史公园独立大厦内。这里是诞生《独立宣言》和宪法的地方，也曾是美国独立战争的指挥中心，所以被命名为"独立宫"，室内保留着当时的会议场景和家具装饰。

独立宫是一座两层的旧式红砖楼房，它具有乳白色的门窗和乳白色的尖塔，塔上镶嵌着一座大时钟，塔顶就是当年悬挂自由钟的地方。独立宫一楼

的会议室，是《独立宣言》和美国宪法的签署地。当年华盛顿将军、富兰克林、杰弗逊和各州代表坐过的桌子、椅子，用来签名的鹅毛笔、墨水，华盛顿当时宣读《独立宣言》的会议室前台等等都以当年的原始状态保存着，供游人观赏。独立宫二楼是一间长方形的公共活动室，长条餐桌上摆放的都是当年建国领袖们用过的餐具原物，已经有200多年的历史了。活动室边上还有两件简易的图书室和餐厅，室内保留着当年的家具装饰。游览这里，同学们仿佛对当年颁布美国《独立宣言》的场景身临其境，也更深刻地理解了这一历史事件。

此外，独立宫的两翼还有两座对称的小楼，一样的红色砖墙，一样的建筑风格，分别是当年的旧议会大楼和旧市政厅。

费城自由钟

自由钟是世界最著名的大钟之一，是费城的象征，更是美国自由精神的象征，在美国历史中占有重要的历史地位。

自由钟坐落在费城独立宫外的一座小纪念馆中，小纪念馆的四周门窗全是玻璃和钢架构成的，纪念馆的里面就像一个小型的博物馆，游人可以看到一些有关自由钟的历史照片展览，在其中一个展厅内有电视中文讲解有关自由钟的历史意义。

自由钟原来被放置在独立宫建筑的钟楼上，后来因为钟体开裂，就被陈列于独立大厅草坪外的纪念馆中。此钟重1000多千克，高约1米。游人走近自由钟就可以看到钟体上的明显裂缝，钟面上刻着《圣经》上的名言："向世界所有的人们宣告自由。"从这里我们不难看出，美国人民对于独立和自由生活的热爱以及向往。

马特医学博物馆

马特医学博物馆位于费城市中心，建于1858年，收藏了19世纪医学的各种资料，号称世界上最恐怖的博物馆。

该博物馆主要收藏有医学畸形、解剖和病理学标本、古代医疗器械、蜡模等，主要供医学研究之用，也提供游人参观。该博物馆因头盖骨的收藏而知名，头盖骨按顺序排列成一排排，有的牙齿完好，有的已经脱落，看起来非常恐怖。

目前，马特医学博物馆的展品已经超过了20000件，其中包括战争中伤者的照片、连体人的遗体、侏儒的骸骨以及人体病变结肠等。此外还有一些世界上独一无二的收藏，比如一个酷似肥皂的女性尸体、一个长有两个脑袋的儿童的颅骨等；这里藏有的一个巨大的50磅腹胀结肠，是从一个因便秘死去的人身上取出来的；有挖掘出来的肥胖女人的尸体，脂肪在死后几乎100%变成了纯肥皂……同学们在参观这座博物馆时应该本着探索科学的心态来了解有关人体的生理知识，意识到身体发生病变会导致怎样可怕的结果。

费尔蒙特公园

费尔蒙特公园是全世界最大的公园之一，是美国独立100年的纪念会场和1876年费城世博会的主举办地。

在公园里，蜿蜒曲折的斯古吉尔河流经这里，让公园里的花花草草更加光鲜艳丽，看起来一片欣欣向荣的景象。公园里有全美国最早的动物园——费城动物园，而费城艺术博物馆也在这里。这里还有1876年美国独立百年博览会会址。

同类推荐

　　我国浙江宁波是中国大运河南端出海口、"海上丝绸之路"东方始发港，宁波港还被国际港航界权威杂志评为"世界五佳港口"。

　　宁波拥有众多文化古迹，如奉化溪口、河姆渡遗址、保国寺、天一阁等。这里美丽的自然风光除了有闻名海峡两岸的溪口镇外，还有松兰山、九峰山、九龙湖、五龙潭、南溪温泉、野鹤湫旅游风景区、浙东大峡谷等。除此之外，同学们可以参观一下国内现存最古老的藏书楼——天一阁，它也是亚洲现存最古老的图书馆之一和世界最早的三大家族图书馆之一，也不枉来这座历史名城走一遭。

课本中的美丽世界 中学卷

费城示意图

布赖尔布什自然中心
Briar Bush Nature Cte.

洛里默公园
Lorimer Park

公共娱乐区
Public Rec.Area

富兰克林北
购物中心
Franklin M

柯蒂斯植物园
Curtis Arboretum

阿尔弗索普公园
Alverthorpe Park

费城东北机场
Northeast Philadelphia Airport

坦普尔大学体育场
Temple Univ. Stadium

格拉茨学院
Gratz Coll

彭尼帕克公园
Pennypack Park

克莱夫登博物馆
Cliveden

费城国家公墓
Phila Nat'l Cem

罗斯福购物中心
Roosevelt Mall

圣家庭学院
Holy Family College

奥伯里植物园
Awbury Arboretum

丘邸宅
Chew Housw

马克思韦尔邸宅
Maxwell Mansion

费城警察学校
Phil.Police Academy

莫里斯邸宅
Desler Morris House

斯坦顿邸宅
Stenton Mansion

狩猎公园
Hunting Park

东罗宾胡德小德尔音乐中心
Robin Hood Dell East

伍德福德邸宅
Woodford Mansion

美术馆
Art Mus

快乐山邸宅
Mt. Pleasant Mansion

泰奥加海军港口
Tioga Marine Terminal
(Municipal)

动物园Zoo

佩蒂岛
Pettys I.

费城艺术博物馆
Phila. Mus.of Art

罗丹博物馆
Rodin Mus

埃德加·艾伦·坡
国家历史纪念地
Edgar Allan Poe
Nat'l Hist Site

市政中心Civic Center

国家独立历史公园
Independence National
Historical Park

纽约州水族馆
N.J.State Aquarium

科西阿斯科国家纪念地
Kosciuszko Nat'l Mem

老瑞典教堂
Gloria Dei Church
Nat'l Hist Site

美国瑞典历史博物馆
American Swedish
Hist.Mus

综合运动中心
Core States Spectrum

林肯金融体育场
Lincoln Financial Field

瓦乔维亚斯佩
特勒姆体育馆
Wachovia Spectrum

帕克街海军港口
Packer Av
Marine Terminal

1　我们在历史课中已经了解到了美国独立战争，你能详细对其叙述一下吗？

2　费城是一个有历史渊源的城市，你能讲一两件与费城有关的事情吗？

佛罗伦萨 Firenze

世界艺术之都

佛罗伦萨位于意大利阿尔诺河谷的一块平川上，是极为著名的世界艺术之都，也是举世闻名的文化旅游胜地。由于这里收藏着大量的优秀艺术品和珍贵文物，因而又有"西方雅典"之称。

来到佛罗伦萨，首选的景点应该是米开朗琪罗广场，这里是欣赏佛罗伦萨全景的最佳点；全市有40多个博物馆和美术馆，乌菲齐和皮提美术馆举世闻名，世界美术最高学府佛罗伦萨美术学院也知名度极高；百花大教堂是佛罗伦萨的地标，又称"圣母寺"，收藏了许多伟大的艺术品；维琪奥王宫曾是美第奇家族的住所。这里还有其他具有艺术特色的旅游景点，如圣乔凡尼礼拜堂、乔托钟楼、维琪奥桥等。

课文链接

　　沪教版七年级上册的《佛罗伦萨的小抄写员》写的是发生在意大利佛罗伦萨的故事，文章中小抄写员的生活背景也反映出了那个城市当时的现状：

　　叙利奥的决心仍是依然。那夜因了习惯的力，又自己起来了。起来以后，就想往几月来工作的地方做最后的一行。进去点着了灯，见到桌上的空白纸条，觉得从此不写有些难过，就情不自禁地执了笔又开始写了。忽然手动时把一册书碰落到地。那时满身的血液突然集注到心胸里来：如果父亲醒了如何；这原也不算什么坏事，发现了也不要紧，自己本来也屡次想说明了。但是，如果父亲现在醒了，走了出来，被他看见了我，母亲怎样吃惊啊，并且，如果现在被父亲发觉，父亲对于自己这几月来待我的情形，不知要怎样懊悔惭愧啊！——心念千头万绪，一时迭起，弄得叙利奥震栗不安。他侧着耳朵，抑了呼吸静听，并无什么响声，一家都睡得静静的，这才放了心重新工作。门外有警察的皮靴声，还有渐渐远去的马车蹄轮声。过了一会，又有货车"轧轧"地通过。自此以后，一切仍归寂静，只时时听到远犬的吠声罢了。叙利奥振着笔写，笔尖的声音"唧唧"地传到自己耳朵里来。

游学拾贝

　1 认真欣赏历史名城中的艺术品，感悟自己对于美的新认识。

　　佛罗伦萨是艺术之城，里面有很多艺术画作，认真了解其创作背景、欣赏其画面主题，从全新的角度来欣赏美。

　2 了解佛罗伦萨以及美第奇家族的渊源。

　　文中介绍的景点很多与美第奇家族有着很深的渊源，了解其家族背景，获得旅行中的趣味。

　　意大利的文化名城佛罗伦萨不仅在世界艺术史上占有重要地位，而且与中国的关系也比较密切：它与宁波市互为友好城市，两个城市在建立有关关系时，甚至还互相交换了礼物。佛罗伦萨送给宁波的礼物是艺术巨匠米开朗琪罗《大卫》的复制品，这是一尊青铜雕像，是以1：1的比例复制的。宁波送给佛罗伦萨的礼物是东钱湖南宋石刻中的"文臣武将"的复制品，这两尊石像很有代表性。其中的"文臣"高3.3米，宽1米；"武将"高3.6米，宽1.3米。每件重量达7.5吨，采用梅园石雕塑而成。

　　"文化之城"的称号名不虚传，佛罗伦萨有许多值得游览的地方。

边读边游

圣母百花大教堂

　　圣母百花大教堂是佛罗伦萨的地标，是文艺复兴时期第一座伟大建筑，它位于今天佛罗伦萨市的杜阿莫广场和相邻的圣·日奥瓦妮广场上。该教堂是欧洲建筑正式从"哥特时代"进入"文艺复兴时代"的标志。

　　圣母百花大教堂其实是一组建筑群，由大教堂、钟塔和洗礼堂组成，它是由粉红色、绿色和奶油白三色的大理石砌成，展现着女性优雅高贵的气质，所有又被称为"花的圣母寺"。

这座教堂的大圆顶是世界上第一座大圆顶，它是用一种新颖的相连的鱼骨结构，以橡固瓦的方法从下往上逐次砌成。圆顶呈双层薄壳形，双层之间留有空隙，上端略呈尖形。它高91米，最大直径45.52米，与罗马帝国的万神殿、文艺复兴盛期的圣彼得大教堂，并称古代欧洲的三大穹顶。

教堂上的钟塔属哥特式建筑，由六层方型结构向上堆叠成柱形，又叫"乔托钟塔"。

佛罗伦萨大教堂不仅以其建筑闻名，而且也是一座藏有许多文艺复兴时期艺术珍品的博物馆：教堂的钟楼凹龛上雕刻的大理石像《先知者》是意大利雕刻家多纳泰罗的作品；大理石浮雕《唱歌的天使》是意大利雕刻家戴拉·罗比亚的作品；大教堂侧门上雕刻的《圣母升天图》是意大利雕刻家狄·盘果所作；穹顶上的巨型壁画《最后的审判》是16世纪艺术巨匠瓦萨利的心血之作。此外，这里还陈列着其他著名的绘画，如1465年画的但丁像等。同学们在欣赏这些名家的美术作品时，能够品味到其独有的艺术风格。

圣乔凡尼礼拜堂

圣乔凡尼礼拜堂建于公元5世纪到公元8世纪间，建筑呈八角形，这里由于供奉着佛罗伦萨的守护圣人乔凡尼而得名，是罗马式建筑的代表。

礼拜堂的三扇以精致黄金浮雕装饰的大门非常引人注目，大名鼎鼎的东门被米开朗琪罗誉为"天堂之门"，画的内容是旧约圣经故事。三面青铜门浮雕也颇具观光价值，入口处南侧的青铜门上的28张图样是关于约翰传教的故事；北侧青铜门的28张图样主题是表现基督的生涯及其12门徒的事迹。此外，教堂后博物馆里也收藏了许多伟大的艺术品。

维琪奥王宫

维琪奥王宫曾经是美第奇家族的住所，建造于1298年至1314年间，过去是佛罗伦萨共和国的市政厅，它是这个城市的象征。

王宫的外围塔身高达94米，城墙上也有作为王宫防御体系的垛口。走到王宫门口，映入眼帘的是米开朗琪罗的《大卫像》，大门上方有一个显著的大理石券首，两侧有两个镀金狮子，背景是佛罗伦萨的市徽。二楼是宽大的礼堂，这里是共和国政府的大会议场，有52米长、23米宽。王宫中有很多艺术品和壁画，都是美第奇家族的收藏品，如布龙齐诺为埃莱奥诺拉小教堂创造的作品、多纳太罗的作品《朱迪思和荷罗孚尼》、基兰达约罗马英雄系列壁画，现在它已经作为博物馆对外开放。游览这座王宫，我们不仅可以感受当年美第奇家族为代表的上流社会生活的奢华，而且也深深地认识到该家族对整个城市艺术发展史所做出的贡献。

乌菲齐美术馆

乌菲齐美术馆位于佛罗伦萨市的乌菲齐宫内，是世界著名的绘画艺术博

物馆，该馆以收藏大量的文艺复兴时期的绘画名作著称，有"文艺复兴艺术宝库""文艺复兴博物馆"之称。

乌菲齐美术馆共有46个画廊，共分为三层，所收藏的名画、雕塑、陶瓷等有十万多件，是世界上规模最大、水平最高的艺术博物馆之一，其画作大部分是13—18世纪意大利派、佛兰德斯派、德国及法国画派的绘画和雕刻。展品中有达·芬奇的《博士来拜》、米开朗琪罗的《圣家族》、博蒂切利的《春》、提香的《乌尔比诺的维纳斯》、拉斐尔的自画像以及曼泰尼亚、科雷乔等大师的名作。此外，乌菲齐博物馆还建有一座阿诺河上的"风雨桥"，现也已辟为画廊并对外开放。同学们在欣赏众多画作时不难发现，很多画作的创作背景是以希腊神话为依据的，意大利画家的想象力生动地通过这些画作展现在我们眼前。

皮蒂宫

皮蒂宫是佛罗伦萨最宏伟的建筑之一，原本是美第奇家族的住宅。

皮蒂宫始建于1487年，正面长205米，高36米，是由巨大的粗制石块砌成。底层窗户支架之间有一个狮头雕像。从拱形大门穿过中庭，就到了阿马

纳蒂庭院。皮蒂宫的二楼是王室住宅和帕拉蒂娜画廊，三楼是现代艺术馆。

帕拉蒂娜画廊收藏着美第奇家族收集来的艺术珍品，包括拉斐尔、波提切利、提香等艺术大家的作品，如《椅子上的圣母》和《带面纱的女士》等著名画作。此外，这座建筑还是银器博物馆和马车博物馆。

米开朗琪罗广场

米开朗琪罗广场位于佛罗伦萨市区南端的高地上，能将佛罗伦萨的红色砖瓦、古式建筑、阿尔诺河、圣母白花大教堂的圆屋顶等等看得很真切。

广场上的大卫青铜像可谓是佛罗伦萨的象征，这座雕像高5.5米，完美地展现出了人体的肌肉美，大卫的那种坚毅的神采、完美的身材、力与美的结合尽情展现在人们眼前。

广场全景包括佛罗伦萨的中心区、观景城堡、佛罗伦萨圣十字大殿，河上依次排列着多座佛罗伦萨桥梁，尤其是旧桥；还有主教座堂、旧宫、巴杰罗美术馆和八角形塔等。

同类推荐

敦煌是我国甘肃省酒泉市代管的一个县级市，以"敦煌石窟""敦煌壁画"闻名天下。敦煌有悠久的历史和灿烂的文化，是世界遗产莫高窟和汉长城边陲玉门关、阳关的所在地。

敦煌有众多旅游景点，同学们在游览之前，首先应对各景点的特色做一个初步了解：莫高窟又称"千佛洞"，现存石窟492个，壁画总面积约45000平方米，泥质彩塑2415尊，是世界上现存规模最大、内容最丰富的佛教艺术圣地，这里已经被联合国教科文组织列入世界文化遗产名录；鸣沙山最高海拔1715米，"沙岭晴鸣"被称为"敦煌八景"之一；月牙泉长约150米，宽约50米，因水面酷似一弯新月而得名，有"沙漠第一泉"之称；敦煌古城展现了唐宋时期西北重镇敦煌的雄姿，被称为中国西部建筑艺术的博物馆。

此外，这里还有玉门关、阳关、雅丹地貌等景观，同学们可以通过游览掌握更多的历史常识。

1 在佛罗伦萨城中的博物馆里，珍藏着很多艺术大家的名作，如提香、拉斐尔、米开朗琪罗等，事实上，他们留传下来的名作不仅保存在佛罗伦萨，在其他国家的博物馆中也均有收藏。你能根据自己所了解到的常识，试着列举出一些吗？

2 佛罗伦萨城中的很多艺术品都是美第奇家族曾经的收藏品，你对中国收藏家以及其收藏品有什么了解吗？

柏林 Berlin

创意之都

　　柏林位于德国东北部，是德国首都，也是德国最大的城市。

　　历史上的柏林曾经是几个国家的首都，如普鲁士王国、德意志帝国、魏玛共和国、纳粹德国。柏林有着众多的美誉，如"创意之都""全世界艺术家的圣地""景观之城"等。

　　这里的著名景点有：柏林中央车站、博物馆岛、德国总理府、德国科技博物馆、德国国家博物馆、国会大厦、勃兰登堡门、六月十七日大街、菩提树下大街、查理检查站、柏林电视塔、波茨坦广场、御林广场、圣赫德韦格大教堂、柏林大教堂等。

课 文 链 接

　　提起柏林，对历史课感兴趣的同学也许并不陌生，它是第二次世界大战的参战国之一德国的首都。沪教版高中第二册的微型小说《在柏林》中的开篇就介绍了故事发生的背景地——柏林：

　　一列火车缓慢地驶出柏林，车厢里尽是妇女和孩子，几乎看不到一个健壮的男子。在一节车厢里，坐着一位头发灰白的战时后备役老兵，坐在他身旁的是个身体虚弱而多病的老妇人。显然她在独自沉思，旅客们听到她在数着："一、二、三……"声音盖过了车轮的"咔嚓咔嚓"声。停顿了一会儿，她又不时重复数起来。两个小姑娘看到这种奇特的举动，指手画脚，不假思索地笑起来。那个后备役老兵狠狠扫了她们一眼，随即车厢里平静了。

游学拾贝

① 从遗留的建筑里了解柏林曾经的历史。

　　柏林的很多建筑留有二战时的痕迹，如柏林墙、威廉皇帝纪念教堂等，了解过去的历史，并感悟到只有在和平年代我们才能享有幸福的生活。

② 理解柏林为什么在世界上占有重要地位。

　　柏林在世界上占有重要地位，根据景点的介绍，对其原因大致做总结。

抛开第二次世界大战的阴影，今日的柏林已经是一座崇尚自由生活方式和现代精神的城市，而且已经发展成为全球的焦点名城。

提及现如今发生在这里的重大事件，德国柏林电影节的召开乃是这座城市最隆重的文化事件之一，它与戛纳国际电影节、威尼斯国际电影节并称为欧洲三大国际电影节，最高奖项是"金熊奖"。"金熊奖"授予最佳故事片、纪录片、科教片、美术片；"银熊奖"授予最佳导演、男女演员、编剧、音乐、摄影、美工、青年作品或有特别成就的故事片等。我国著名导演张艺谋、李安都曾在柏林电影节获过奖。该电影节是20世纪50年代初由阿尔弗莱德·鲍尔发起的，当时得到了联邦德国政府和电影界的支持和帮助，于1951年6月底至7月初在西柏林举行了第一届国际电影节。

此外，这座精彩的城市还有更多精彩的看点。

国会大厦

德国国会大厦是位于德国首都柏林中心区蒂尔加滕区的一座建筑，该建筑集中了古典式、哥特式、文艺复兴式和巴洛克式的多种建筑风格，是德国统一的象征。

国会大厦的外墙是古老的古典主义风格，不过里面的建筑却充满了现代化特色。国会大厦底层及两侧的几层空间内是联邦议院主席团、元老委员会行政管理机构办公室以及议会党团厅和记者大厅，中央是两层高的椭圆形全会厅。全会厅上层的三边环绕大量的观众席。

国会大厦屋顶的穹形圆顶是最受欢迎的，它的里面是两座交错走向的螺旋式通道，游人可以通过它走到50米高的瞭望平台，将柏林的景色一览无余。玻璃穹顶里设有关于柏林国会大厦的资料展览。

勃兰登堡门

勃兰登堡门位于柏林市中心，最初是柏林城墙的一道城门，因通往勃兰登堡而得名。现在保存的勃兰登堡门是一座古典复兴建筑，是柏林的城市标志。

勃兰登堡门高26米，宽65.5米，深11米，是由12根各15米高、底部为直

径1.75米的多立克柱式立柱支撑着平顶，东西两侧各有6根，是依照爱奥尼柱式雕刻的，前后立柱之间为墙，将门楼分隔成5个大门。

勃兰登堡门门顶中央最高处是一尊高约5米的胜利女神铜制雕塑。女神身后的翅膀张开着，正驾着一辆四马两轮战车面向东侧的柏林城内，她的右手拿着带有橡树花环的权杖，花环里面有一枚铁十字勋章，花环上面站着一只展翅的鹰鹫，鹰鹫戴着普鲁士的皇冠。

威廉皇帝纪念教堂

威廉皇帝纪念教堂位于柏林市繁华地段布赖特沙伊德广场，是柏林仅存的二战遗迹之一。该教堂是

重要的战后现代风格纪念建筑，也是柏林的标志之一。由于该教堂在二战时期被轰炸掉了屋顶，所以又有"断头教堂"之称。

该教堂的建筑风格属于带有哥特式元素的新罗马式，建筑的装饰使用了马赛克、浮雕和雕塑，重修后的教堂墙壁分成了格状，由超过3万块玻璃窗组成，玻璃碎片将照射上来的光线折射出去，产生宝石切割般的效果。每当到了夜晚，教堂会被彩色的光照亮，而白天折射后的阳光呈现蓝色透入教堂内室。走入教堂，会看到教堂中的"考文垂的十字架"，它来自英国考文垂大教堂的楼顶，在二战中被德国炸毁。还有一幅画作是《斯大林格勒的麦当娜》，是德国艺术家库尔特·罗伊博作为德国防卫军的军医在斯大林格勒战役期间所作。

柏林墙

柏林墙正式名称为反法西斯防卫墙，当时建造的动机是阻止民主德国（含首都东柏林）和德意志联邦共和国（简称"联邦德国"或"西德"）所属的西柏林之间人员的自由往来。

柏林墙始建于1961年8月13日，全长155千米。它最初是以铁丝网和砖石为材料的边防围墙，后期加固为由瞭望塔、混凝土墙、开放地带以及

反车辆壕沟组成的边防设施。柏林墙已经被拆除得差不多了，现在还有三处较长的存留着：一处在尼德尔克尔新纳大街，位于波茨坦广场和查理检查站之间，长约80米；另一处较长的存留是在施普雷河沿岸奥伯鲍姆桥附近，这里存有大量涂鸦，通常被人叫做"东边画廊"；第三处位于Bernauer街北部，是部分重建的围墙，并在1999年改为纪念场所。还有一些柏林墙的单块墙体和瞭望塔分散在城市里。参观这里，我们能够更深刻地感受到战争对城市的破坏以及带给人们伤害。

博物馆岛

博物馆岛在柏林市中心，柏林老博物馆和新博物馆、国家美术馆、博德博物馆及佩加蒙博物馆组成柏林著名的博物馆岛。由于其位于施普雷河的两条河道的交汇处，因此有"博物馆岛"之称。这里展出的主要是古巴比伦、埃及、波斯等地文物。1999年，这组博物馆群落被列入了世界遗产名录。

博物馆岛集中了德国博物馆的精华。紧挨着宫殿大桥和柏林大教堂的是老博物馆，在它前面的是卢斯特花园。最北端的是新博物馆和老国家艺术画廊。面向西侧的是佩加蒙博物馆，最外侧的是博德博物馆。

柏林示意图

同类推荐

重庆位于中国西南部、长江上游地区，以丘陵、山地为主，因此有"山城"之称。在抗日战争时期，中华民国政府定重庆为战时首都和永久陪都。

重庆的旅游资源很丰富，有集山、水、林、泉、瀑、峡、洞等为一体的壮丽自然景色，有集巴渝文化、民族文化、移民文化、三峡文化、陪都文化、都市文化等于一身的浓郁文化景观，如大足石刻是世界文化遗产，武隆喀斯特旅游区则是世界自然遗产。还有长江三峡、桃花源、洪崖洞、武陵山大裂谷、金佛山、仙女山等。这些都不容我们错过。

此外，重庆也是热爱古迹的同学了解过去历史事件的地方，重庆建有40多个博物馆，馆藏文物近30万件，如重庆中国三峡博物馆、重庆抗战遗址博物馆、重庆历史博物馆、重庆自然博物馆、大足石刻艺术博物馆、合川钓鱼城博物馆等，有兴趣的同学可以到这里——进行参观。

1 有关柏林的电影有不少，试着找来看一看，并讲讲故事的梗概。

2 在历史课上，你学习过哪些与柏林有关的事件？

旅途
随笔

部分参考答案

尼亚加拉瀑布

1.彩虹形成的原因：彩虹是由于阳光射到空间接近圆点的小水滴造成色散及反射而成的。

2.著名的瀑布，例如维多利亚瀑布、新西兰哈卡瀑布、壶口瀑布、伊瓜苏瀑布、尼加拉瓜大瀑布等。

艾尔斯岩石

2.磁铁石：火山作用有关的矿浆直接形成；接触变质形成的铁矿；含铁沉积岩层经区域变质作用形成的铁矿等。

大理石：是在地下深处具有足够的温度与压力条件下，由隐晶质的石灰岩发生地质变质作用形成的。

陨石：地球以外未烧尽的宇宙流星脱离原有运行轨道或呈碎块散落到地球中而形成，大多数陨石来自于火星和木星间的小行星带，小部分来自于月球和火星。

米洛斯岛

1.实验原理：小苏打与醋会发生化学反应，可以产生大量的泡沫，洗涤剂也起到了催化作用，可以使泡沫增加。

2.世界著名的火山岛群有阿留申群岛、夏威夷群岛等，中国著名的火山岛有台湾海峡中的澎湖列岛、福建漳州南碇岛等。

贝加尔湖

1.用身边很容易取材的材料来制作"天鹅"，既增添了生活的乐趣，也让自己更深刻地认识到天鹅的美。

2.天鹅属在除非洲以外的各大洲都有野生种或亚种分布。白色的四个种分布在北半球，统称为白天鹅或北天鹅。黑色的天鹅分布在南半球的澳大利亚等地，黑颈天鹅分布于南美洲，它们与另一个属的扁嘴鹅合称为南天鹅。

仙台

2.如日本仙台的国分寺，是模仿武则天时代各州的大云寺所建的。日本的建筑保持着汉唐时期的风格，因为在那个时期，日本和中国保持着友好的文化往来。

比萨斜塔

2.位于陕西省西安市的大慈恩寺内的大雁塔是我国现存最早、规模最大的唐代四方楼阁式砖塔，是佛塔这种古印度佛寺的建筑形式随佛教传入中原地区，并融入华夏文化的典型标志性建筑；埃及金字塔大部分位于埃及开罗西南部的吉萨高原的沙漠中，是古埃及法老（即国王）和王后的陵墓等。

凡尔赛宫

2.秦朝　　　咸阳宫

西汉、王莽、东汉献帝、西晋、前赵、前秦、后秦、西魏、北周等各朝代　　　长乐宫

唐朝　　　太极宫

宋朝　　　大庆殿

元朝　　　大安阁

明清时期　　　紫禁城

罗马斗技场

2.比方说中国的斗鸡游戏，利用的是公鸡在发情期好斗的特点；还有汉族民间搏戏之一斗蟋蟀等。

剑桥

1.通过制作单孔桥模型来领会为什么桥梁要设计如此，这种设计能承载超大的重量。

硅谷

1.计算机还有辅助教学、辅助设计、人工智能、看电视、看电影、听音乐、玩游戏等功能。

奥斯维辛

1.让青少年观看影片，为了让他们了解法西斯的罪恶，珍惜现在来之不易的和平生活。

2.第一次世界大战：起因：以萨拉热窝刺杀事件为借口。

参战国：英、法、比等国的军队同德军对抗的西线；俄国军队同奥匈帝国、德国军队对抗的东线，是主要战线。

珍珠港

1.比方说电影《珍珠港》，是试金石公司2001年出品的一部剧情电影。影片的大概

情节是：好兄弟雷夫和丹尼在参军时结识了女护士伊夫林。雷夫主动参加了英国空军的作战，被击落掉进海里。而伊夫林得知噩耗悲痛万分。丹尼和伊夫林慢慢接近，互生爱慕。通过一个爱情故事，完整地展现了珍珠港事件的全过程。

2.起因：明治维新之后，日本的国力渐渐增强，对外扩张的野心也慢慢地膨胀，将侵略的矛头指向了朝鲜和中国。

结果：导致北洋舰队全军覆没，与日本签订《马关条约》。

其民族英雄有邓世昌、丁汝昌、刘步蟾等。

檀香山

2.比方说我国的国宝熊猫，现在仅分布于中国四川、陕西、甘肃约40个县境内的群山叠翠的竹林中；金丝猴一般分布在四川、陕西、湖北及甘肃。

威尼斯

1.威尼斯小艇与中国的独木舟有很多相同点：船身窄窄的，中国的独木舟是一种用单根树干挖成的小舟，需要借助桨驱动。可以说，现代的小艇是由独木舟发展过来的。其最大的好处就是小巧轻便、稳妥。

2.威尼斯画派中杰出的代表有乔凡尼·贝利尼、提香、乔尔乔内、丁托莱托、保罗·委罗内塞等，与威尼斯有关的画作如《基督受刑》等。

贝尔格莱德

1.世界上主要有中国的中式、法国的哥特式、欧洲的罗马式、伊斯兰建筑的伊斯兰式等等风格。

2.除了中国的"红军"外，还有苏联红军，它是1917年至1945年间苏联军队的名称。

雅典

1.奥林匹克的复兴从1896年开始，当时雅典举办了第一次现代奥运会，当时有来自14个国家的245名运动员参加。

2.如特洛伊城的毁灭、阿伽门农的家族、忒勒玛科斯和涅斯托耳、阿喀琉斯之死等。

圣彼得堡

1.列宁的故事有《列宁和卫兵》《列宁参加义务劳动》《绿色的办公室》等。

2.作品如《庞贝城的末日》《使徒彼得与保罗》《大天使加百列》等。

巴黎

1.拿破仑战争是指拿破仑称帝统治法国期间爆发的各场战争；攻占巴士底狱是控制巴黎的制高点和关押政治犯的监狱，1789年7月14日，人民终于攻占了巴士底狱，可谓法国大革命中的一个进程。

华沙

1.美人鱼的学名叫儒艮，这种鱼主要分布在西太平洋及印度洋，喜欢水质比较好并且有丰沛水生植物的海域，定时浮出海面来换气。

2.例如，居里夫人出生于波兰，她在物理学上做出了惊人的贡献，她的成就包括开创了放射性理论、发明分离放射性同位素技术、发现两种新元素钋和镭。

哥本哈根

1.本题是让学生重温下过去的童话故事，找找童年的影子，并增多一些对安徒生的了解。

费城

1.美国独立战争由于英国殖民统治阻碍了北美经济发展，是大英帝国和其北美十三州殖民地的革命者以及几个欧洲强国之间的一场战争。战争的结果是1783年英国承认美国独立。

2.比方说，费城在美国独立战争时，是独立运动的重要中心，独立宣言与美国宪法都是在费城市的独立厅起草和签署的。

佛罗伦萨

1.其藏品有达·芬奇的《博士来拜》、米开朗琪罗的《圣家族》、S·博蒂切利的《春》、提香的《乌尔比诺的维纳斯》。

2.中国也有很多收藏家，比方说，号称"玉痴"的黄康泰先生，他拥有1.3万平方米的博物馆，里面藏有十万件玉器。

图书在版编目（CIP）数据

课本中的美丽世界 . 中学卷 /《亲历者》编辑部编
著 . — 北京：中国铁道出版社，2017.1
（亲历者）
ISBN 978-7-113-22040-2

Ⅰ . ①课… Ⅱ . ①亲… Ⅲ . ①家庭教育 Ⅳ . ① G78

中国版本图书馆 CIP 数据核字 (2016) 第 161847 号

书　　名：课本中的美丽世界 (中学卷)
作　　者：《亲历者》编辑部　编著

策划编辑：聂浩智
责任编辑：孟智纯
助理编辑：杨　旭
版式设计：东至亿美
责任印制：赵星辰

出版发行：中国铁道出版社 (北京市西城区右安门西街 8 号　邮编：100054)
印　　刷：北京顶佳世纪印刷有限公司
版　　次：2017 年 1 月第 1 版　2017 年 1 月第 1 次印刷
开　　本：660mm×980mm　1/16　印张：14　字数：320 千
书　　号：ISBN 978-7-113-22040-2
定　　价：48.00 元

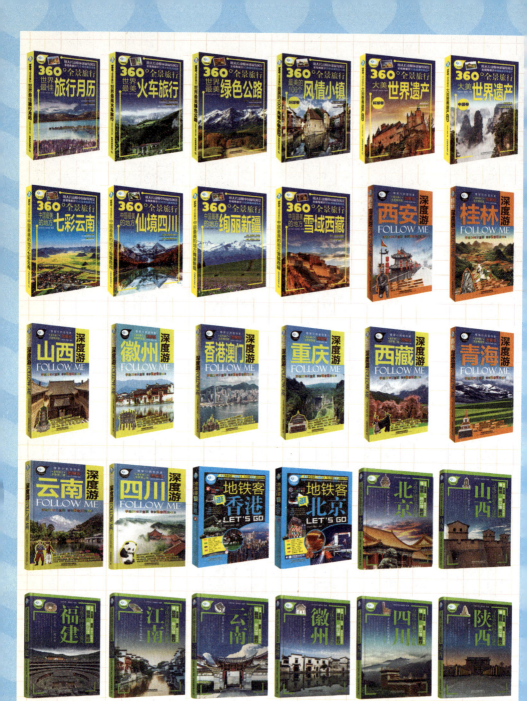

更多图书
敬请期待……